高等教育应用型本科人才培养系列教材

U0292721

数 据 结 构 导 论

《数据结构导论》编写组　组编

哈尔滨工程大学出版社
Harbin Engineering University Press

内容简介

数据结构导论是计算机专业的核心基础课程,教材以问题求解方法、程序设计方法及典型算法的研究为主要内容,使学生能够掌握数据组织方法和计算机的表示方法,为数据选择适当的逻辑结构、存储结构以及相应的处理算法。

本书适合高等学校应用型本科及成人自考学生选用。

图书在版编目(CIP)数据

数据结构导论 /《数据结构导论》编写组组编. －－
哈尔滨:哈尔滨工程大学出版社,2018.7
ISBN 978 – 7 – 5661 – 2011 – 3

Ⅰ. ①数… Ⅱ. ①数… Ⅲ. ①数据结构 – 高等学校 –
教材 Ⅳ. ①TP311.12

中国版本图书馆 CIP 数据核字(2018)第 150774 号

选题策划　　夏飞洋
责任编辑　　刘凯元
封面设计　　刘长友

出版发行　　哈尔滨工程大学出版社
社　　　址　　哈尔滨市南岗区南通大街 145 号
邮政编码　　150001
发行电话　　0451 – 82519328
传　　真　　0451 – 82519699
经　　销　　新华书店
印　　刷　　哈尔滨市石桥印务有限公司
开　　本　　787 mm × 1 092 mm　1/16
印　　张　　11.5
字　　数　　290 千字
版　　次　　2018 年 7 月第 1 版
印　　次　　2018 年 7 月第 1 次印刷
定　　价　　34.50 元
http://www.hrbeupress.com
E-mail:heupress@ hrbeu.edu.cn

前　言

　　伴随计算机的普及、信息量的增加以及信息范围的拓宽,计算机系统程序和应用程序的规模与日俱增、结构日益复杂。众所周知,计算机程序是在指令的控制下对信息进行加工处理的工具。在任何问题中,数据元素都不是孤立存在的,而是存在着彼此之间的关系,这些关系就是数据的结构。数据的结构直接影响算法的设计和程序执行的效率。因此,研究分析待处理的数据对象的特点、多数据对象之间存在的关系以及关系上的相关操作是编写出高效率、低冗余程序的基础和前提。

　　在学习数据结构之前,我们首先需要了解数据结构是什么。数据结构是在整个计算机科学与技术领域内被广泛使用的术语。它用来反映一个数据的内部构成,即一个数据由哪些成分数据构成,以什么方式构成,呈现什么样的结构。数据结构有逻辑上的数据结构和物理上的数据结构之分。逻辑上的数据结构反映成分数据之间的逻辑关系,而物理上的数据结构反映成分数据在计算机内部的存储安排。数据结构是数据存在的形式。数据结构是信息的一种组织方式,其目的是提高算法的效率,它通常与一组算法的集合相对应,通过这组算法集合可以对数据结构中的数据进行某种操作。

　　数据结构作为一门学科,主要研究数据的各种逻辑结构和物理存储结构,以及对数据的各种操作,主要内容包括数据的逻辑结构、数据的物理存储结构、对数据的操作,以及一些典型算法。通常,算法的设计取决于数据的逻辑结构,算法的实现取决于数据的物理存储结构。

　　数据结构是算法分析与设计、操作系统、软件工程、数据库概论、编译技术、计算机图形学、人机交互等专业基础课和专业课程的先行课程,所以学习这门课程是十分必要的。本书并不能囊括数据结构的全部知识,但选取了其中最关键的部分,主要分为8章,第1章为数据结构概述,主要介绍数据结构的基本概念与术语、分类与特点、算法分析的方法及相关知识;第2章为线性表,主要介绍线性表的两种存储结构——顺序表和链表及其基本表示和算法实现;第3章为栈和队列,介绍这两种特殊线性结构的概念、结构、表示与实现,最后还给出了相关的应用举例;第4章为数组和广义表,介绍数组、广义表的概念与相关操作的算法实现和应用举例;第5章为树与二叉树,介绍树和二叉树的逻辑结构、存储实现及其遍历的方法,之后由树和二叉树引申到了森林的各种操作;第6章为图,介绍图的结构、存储、遍历,以及图的典型应用;第7章为查找,介绍各种查找算法的算法思想及其实现过程;第8章为排序,介绍各种排序算法的实现过程及比较。

全书条理清晰,内容详尽,配备了大量图例及相应解释,方便读者理解,且在讲解完概念和结构之后,大部分章节对其进行了应用,可以加深读者的理解,另外从第 2 章开始,每章最后都配备了例题、习题及习题选解,适用于读者自学。

书中若有不当之处,衷心希望广大读者给予批评指正。

编 者

2018 年 4 月

目　　录

第1章 数据结构概述

1.1 为什么要学习数据结构

在古代,很长时间里人们缺乏描述客观事物的有效手段,信息的交流和保存非常困难。随着人类文明与信息技术的发展,信息的重要性已经不言而喻。然而信息是不能单独存在的,数据是信息的载体。同样,数据尽管非常重要,但人们需要具备从数据中获取信息的能力,才能有效地利用数据,真正发挥数据的作用。随着大数据产业的发展,数据科学俨然成为科学研究的第四范式。

数据是客观事物的符号表示,是对客观事物的表示和描述。数据结构是在整个计算机科学与技术领域被广泛使用的术语。它用来反映一个数据的内部构成,即一个数据由哪些成分数据构成,以什么方式构成,呈什么结构。数据结构有逻辑上的数据结构和物理上的数据结构之分。逻辑上的数据结构反映成分数据之间的逻辑关系,而物理上的数据结构反映成分数据在计算机内部的存储安排。数据结构是数据存在的形式。数据结构是信息的一种组织方式,其目的是提高算法的效率,它通常与一组算法的集合相对应,通过这组算法集合可以对数据结构中的数据进行某种操作。

数据结构并不是教你怎样编程,同样编程语言的精练也不在数据结构的管辖范围之内。数据结构是教你如何在现有程序的基础上把它变得更优(运算更快,占用资源更少),它改变的是程序的存储运算结构而不是程序语言本身。如果把程序看成一辆汽车,那么程序语言就构成了这辆车的车身和轮胎,而算法则是这辆车的核心——发动机。这辆车跑得是快是慢,关键就在于发动机的好坏,而数据结构就是用来改造发动机的。可以说,数据结构并不是一门语言,它是一种思想、一种方法、一种思维方式。它并不受语言的限制,你完全可以用 Java 语言轻而易举地实现一个用 C 语言给出的算法。

数据结构就是编程的思维、编程的灵魂、算法的精髓所在,没有了数据结构,程序就好像一个空壳,是低效率的。学习数据结构的目的就是提高自己的思想,数据结构的优劣决定程序的运行效率。

数据结构就是教你怎样用最精简的语言,利用最少的资源(包括时间和空间)编写出最优秀、最合理的程序。换句话说数据结构存在的意义就是使程序最优化,所以学习数据结构需要有一定的基础知识。数据结构用伪码表示,是因为写源代码太长,而且有时不利于理解(光是设定的一大堆变量就让人眼花缭乱)。数据结构不是教你怎样才能编程,而是教你怎样才能编好程,所以很多地方只需要让读者知道该怎么编就行,用汉字表达即可,源代码就让读者自己去解决,这不仅方便读者理解,而且留给了读者一个思考的空间,对于作者来说也可以节省大量写源代码的时间。

1.2 基本概念与术语

1. 数据

数据是指所有能输入到计算机中并被计算机程序处理的符号的总称,是计算机加工的"原料"。数据是外部信息的载体,作为描述客观事物的符号,它能够以数字、字符以及所有能被计算机程序识别的方式输入到计算机中被处理。数据的含义非常广泛,它不仅包含数学领域的整数和小数,还可以是客观事物的进一步抽象,如字符、图像、声音、视频等非数值数据都属于数据的范畴。

2. 数据元素

数据元素是数据的基本单位,在计算机程序中通常作为一个整体进行考虑和处理,如记录、格局、顶点,是对一个客观实体的数据形式的抽象描述。数据项是数据不可分割的最小单位,一个数据元素可由若干个数据项组成,如表 1.1 所示,一份学生成绩表包括排名、学号、姓名、平均分等数据项。这里的数据项也称为记录。

表 1.1 学生成绩表

排名	学号	姓名	数据库	离散数学	数据结构	…	平均分
1	S0613	陈明	96	94	98	…	96
2	S0602	张建	97	93	96	…	94
3	S0628	李强	93	91	89	…	91

3. 数据对象

数据对象是具有相同性质的数据元素的集合,是数据的一个子集。例如,整数数据对象是集合 $N = \{0, \pm 1, \pm 2, \cdots\}$;字母字符数据对象是集合 $C = \{$"A","B",$\cdots$,"Z"$\}$。

4. 数据结构的形式定义

数据结构是一个二元组,如下所示:

Data_Structure = (D,S)

其中,D 是数据元素的有限集,S 是 D 上关系的有限集。

如复数 $Complex = (C,R)$,$C = \{c_1, c_2\}$,$R = \{<c_1, c_2>\}$。

5. 数据类型

数据类型是一个元素的集合和定义在此集合上的一组操作的总称。如整数,在计算机中是 $[minint, \cdots, maxint]$ 上的整数,在这个集合上可以分别进行加、减、乘、整除、求模等一些基本操作($minint$、$maxint$ 分别称作最小整数、最大整数,在不同的计算机中它的值不同)。数据类型实际上是一种已经封装好的数据结构。

每个数据项都属于某个确定的数据类型,数据类型有时还分为原子数据类型和结构数据类型。

(1)原子数据类型

原子数据类型是由计算机语言系统提供的一些简单类型,值在逻辑上不可分解,如整型、实型、字符型。

（2）结构数据类型

结构类型由若干个类型组合而成，它是借用计算机语言中类型定义的相关语法机制来定义的，因此它是可以再分解的。其成分可以是原子的，也可以是结构的，不同的组合方式形成不同的结构类型，例如 C 语言中的结构体、数组、共同结构体等。

6.抽象数据类型

在计算机语言中需要定义数据类型，例如在 C 语言中定义了以下几种基本的数据类型，包括整型、浮点型、字符型等。抽象数据类型是对象的数学模型，是用户在数据类型基础上自定义的数据类型。抽象数据类型建立在抽象层次相对较高的数据相关的逻辑特性上，而不关心其在不同的高级计算机语言环境中的表示和实现。

抽象数据类型的优点在于将数据和操作封装在一起，只能通过自定义的一些操作才可访问其中的数据。抽象数据类型的使用实现了信息隐藏，提高了软件构件的复用率。

7.抽象数据类型格式

ADT 抽象数据类型名｛

　　数据对象：〈数据对象的定义〉

　　数据关系：〈数据关系的定义〉

　　基本操作：〈基本操作的定义〉

｜ADT 抽象数据类型名

其中，数据对象和数据关系的定义用伪码描述。

基本操作的定义格式：

基本操作名（参数表）

初始条件：〈初始条件描述〉

操作结果：〈操作结果描述〉

两种参数：赋值参数只为操作提供输入值；引用参数以 & 开头，除提供输入值外，还返回操作结果。

如抽象数据类型三元组的定义：

　　ADTTriplet｛

数据对象：$D = \{e1, e2, e3 \mid e1, e2, e3 \in Elemset$　　//定义了关系运算的某个集合

　　　　　｝

数据关系：$R1 = \{<e1, e2>, <e2, e3>\}$

基本操作：

InitTriplet(&T, v1, v2, v3)//构造三元组 T, e1, e2, e3 分别被赋予参数 v1, v2, v3 的值

DestroyTriplet(&T)//撤销三元组 T

Get(T, i, &e)//三元组 T 已存在，1 =<i <=3，用 e 返回第 i 元的值

Put(&T, i, e)//三元组 T 已存在，1 =<i <=3，将 T 的第 i 元值修改为 e

IsAscending(T)//三元组 T 已存在，1 =<i <=3，三元素若升序排列返回 1，否则返回 0

IsDescending(T)

Max(T, &e)

Min(T, &e)

　　｜ADTTriplet

抽象数据类型可通过固有数据类型来表示和实现,即利用处理器中已存在的数据类型来说明新的结构,用已经实现的操作来组合新的操作。

1.3 分类与特点

数据之间的相互关系及建立在这些数据上的运算方法的集合统称为数据结构。数据结构分为逻辑结构和存储结构两种。

逻辑结构主要分为三种,即集合、线性结构、非线性结构,如图 1.1 所示。

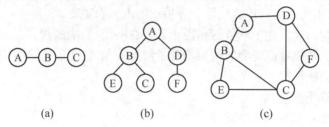

图 1.1 三种基本数据结构

(a)线性结构;(b)非线性结构;(c)集合

集合是指数据元素之间同属于同一集合,除此之外,不存在任何其他关系。

线性结构是指每个元素有且只有一个直接前驱元素和一个直接后继元素,这其实就是序列。该结构中的数据元素存在着一对一的关系,如线性表、队列等。

非线性结构的特征是指一个元素可能有多个直接前驱元素或多个直接后继元素。常用到的非线性结构有树形结构和图形结构两种,树形结构的结点之间存在着一对多的关系,而图形结构的结点之间存在着多对多的关系。这些将在后面的章节中介绍。

存储结构又称为数据的物理结构,是数据在计算机中的映像和存储,包含数据元素的映像和存储,以及数据元素之间的映像和存储。数据元素之间的关系在计算机中的映像方法主要分为顺序映像和非顺序映像,分别对应数据的顺序存储结构和链式存储结构。顺序存储方法是将逻辑上相邻的结点存储在物理位置也相邻的存储单元内,结点间的逻辑关系由存储单元的邻接关系来表示,因此存储单元内只需存储结点的值,不需要存储结点间的关系,这种方式叫作顺序存储。通常顺序存储结构是借助于数组来描述的。其优点是节省空间,可以实现随机存取;缺点是插入、删除时需要移动元素,效率低。

链式存储结构对逻辑上相邻的数据元素不要求其存储位置必须相邻。链式存储结构中的数据元素称为结点,结点间的逻辑关系由附加的指针(指向结点的存储地址)来表示,指针指向结点的邻接结点,这样将所有结点串联在一起,称为链式存储结构。所以每个数据元素包括一个数据域和一个指针域,数据域用来存放数据,而指针域用来指向其后继结点的位置。其优点是插入、删除灵活;缺点是不能随机存取,查找速度慢。

上述这两种方法既可以单独使用,也可以组合起来对数据进行存储。数据的逻辑结构和物理结构是密切相关的两个方面,任何一个算法的设计都取决于选定的逻辑结构,而算法的实现依赖于采用的存储结构。因此存储结构主要描述的是数据元素之间的逻辑关系、数据在计算机中的存储方式和数据的运算三个方面的内容,即数据的逻辑结构、存储结构和数据的操作集合。这三方面共同构成了数据结构这个有机整体。

1.4　算 法 分 析

算法(Algorithm)是对特定问题求解步骤的一种描述,是指令的有限序列,因而可以将其理解为由基本运算及规定的运算顺序所构成的完整的解题步骤,或者看成按照要求设计好的、有限的、确切的计算序列。编写程序时一般是先设计算法,然后选择合适的数据结构。著名的瑞士计算机领域先驱 N. Wirth 提出的"算法 + 数据结构 = 程序",深刻诠释了算法和数据结构的关系。数据的运算是通过算法描述的,算法是程序设计的精髓,程序设计的实质就是构造解决问题的算法。

一个算法应具有以下 5 个重要特征:

1. 有穷性

一个算法应该包含有限个操作步骤,也就是说,算法中的每一条指令在有限次的操作步骤之后应该能够结束。

2. 确定性

算法中的每一步必须有确定的定义,即在任何条件下,相同的输入只能得到相同的输出。

3. 输入

一个算法有 0 个或多个输入,以刻画运算对象的初始情况。所谓 0 个输入是指算法本身确定了初始条件。

4. 输出

一个算法有一个或多个输出,以反映对输入数据加工后的结果。没有输出的算法是毫无意义的。

5. 可行性

算法中的所有操作都必须可以通过已经实现的基本操作进行运算,并在有限次内实现,而且人们用笔和纸做有限次运算后也可完成。

解决一个问题可以采用多种不同的算法,那么如何得知这些算法的优劣程度呢? 我们引入了算法的两个评价标准,即正确性和算法效率。

算法正确性的基本要求是对于符合条件的输入能够得到符合预期的正确结果,但是这个看似简单的要求却并不容易满足。一个算法对于某些输入能得到正确的结果,但并不能保证其他输入的结果也正确,严格地说,只有所有符合条件的输入都加以验证,才能确保算法的正确性,但这是不现实的。因此我们可以寻找一些"带有典型的、苛刻的输入数据"来对算法进行测试。而且对于不符合条件的输入,算法要能够妥善应对,尤其不能引起程序崩溃,这样的算法才是稳健的。

正确的算法并不一定就是好算法。电脑的空间是有限的,因此一个好的算法要占用尽量少的空间资源,能在尽量短的时间内输出正确结果,也就是算法的空间效率和时间效率要高。

1.4.1 算法的时间复杂度

一个程序的运行时间是指程序从开始到结束所需要的时间,但这并不好计算和度量。通常我们认为一个算法所需的运算时间与所解决问题的规模大小相关。通常,用 n 作为表示问题规模的量。例如,排序问题中 n 为所需排序元素的个数。

把规模为 n 的算法的执行时间称为时间复杂度。算法运行所需的时间 T 表示为 n 的函数,记作 $T(n)$。为了方便比较同一问题的不同算法,通常我们把算法中基本操作重复执行的次数(频度)作为算法的时间复杂度,记为

$$T(n) = f(n)$$

其中,$f(n)$ 是规模为 n 的算法重复执行基本操作的次数。

大部分情况下要准确计算 $T(n)$ 是很困难的,因此,我们引入算法的渐进时间复杂度,标记为 $T(n) = O[f(n)]$。符号 O 的形式化定义如下:

若 $f(n)$ 是正整数 n 的一个函数,则 $X_n = O[f(n)]$ 表示存在正的常数 M 和 n_0,使得当 $n > n_0$ 时,都满足 $|X_n| \leq M|f(n)|$。

从上面的定义可以看出,渐进时间复杂度关注的是趋势,也就是默认为问题规模足够大的情况下时间复杂度所遵循的规律,渐进时间复杂度给出的是算法复杂度的上界。

一个特定算法的时间复杂度并不是一成不变的,有很多算法在输入不同的情况下运行的时间复杂度也不相同。我们定义一个特定算法对于任何输入的运行时间下限为其时间复杂度的最好情况;而对于任何输入的运行时间上限为其时间复杂度的最坏情况;对于大量输入的平均运行时间为其时间复杂度的平均情况。对于不同问题,在不同情况下时间复杂度的重要性不尽相同,但一般而言,算法的平均时间复杂度是描述算法性能最重要的指标。

1.4.2 算法的空间复杂度

空间是指执行算法所需要的存储空间,算法所对应程序运行所需存储空间包括固定部分和可变部分。固定部分所占空间与所处理数据的大小和数量无关,或者与该问题的实例的特征无关,主要包括程序代码、常量、简单变量等所占的空间;可变部分所占空间与该算法在某次执行中处理的特定数据的大小和规模有关。

与算法的时间复杂度类似,可以把空间复杂度作为算法所需存储空间的度量,记作

$$S(n) = O(f(n))$$

算法的渐进时间复杂度和渐进空间复杂度建立了算法效率分析的数学模型。例如,在估计算法时间复杂度时只需要找出算法中的基本操作,以及基础操作执行次数的大致规模。一般来讲,算法和程序实现中都涉及复杂逻辑和大量操作,因此,估计算法的时间复杂度实际上是在时间消耗的意义上,抓住主要矛盾,忽略次要因素的过程。

有经验的人甚至在算法只有一个雏形的时候就能大致估计出时间复杂度和空间复杂度,这对于提高算法的设计和优化的效率是非常有利的。

1.5 本 章 小 结

1. 数据(数值和非数值)>数据对象(数据元素的集合,数据的子集)>数据元素(数据基本单位也称结点或记录)≥数据项(数据基本单位)。

2. 数据类型:是指程序设计语言中允许的变量类型。

3. 物理结构(存储结构):数据的物理结构是逻辑结构在计算机中的映象,也就是具体实现。

4. 逻辑结构(数据结构):是指同一数据对象中数据元素的关系,分为线性和非线性两种。数据结构的选择对数据处理的效率起着至关重要的作用。

5. 算法:算法是解决某一特定类型问题的有限运算序列。其特征是有穷性、确定性、可执行性,且需有 0 个或多个输入、一个或多个输出。其具体要求包括正确性、可读性、健壮性、效率和低储存需求。

6. 算法分析:通常用计算机执行时在时间(时间复杂度)和空间(空间复杂度)两方面的消耗多少作为评价该算法优劣的标准。

7. 时间复杂度:具体方法分为事后统计和事前分析估算。频度:指一条语句重复执行的次数,记作 $F(n)$。时间复杂度:$T(n) = O(F(n))$,以算法中频度最大的语句来度量。

8. 空间复杂度:空间复杂度是指在算法中所需的辅助空间单元而不包括问题的原始数据占用的空间(因为这些单元与算法无关),记作 $S(n)$。

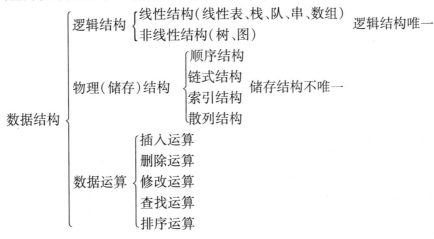

第2章 线 性 表

2.1 线性表的逻辑结构

2.1.1 线性表的定义

线性表是具有 n 个相同数据类型的数据元素的有限序列。其中 n 为表长,当 n 为0时,称该线性表是一个空表。若用 L 命名线性表,其一般表示为

$$L = (a_1, a_2, \cdots, a_{i-1}, a_i, a_{i+1}, \cdots, a_n)$$

其中,a_1 是唯一的"第一个"数据元素,又称为表头元素;a_n 是唯一的"最后一个"数据元素,又称为表尾元素。a_{i-1} 领先于 a_i,a_i 领先于 a_{i+1},因此称 a_{i-1} 是 a_i 的直接前驱元素,a_{i+1} 是 a_i 的直接后继元素。除了第一个元素 a_1 外,每一个元素有且只有一个直接前驱元素;除了最后一个元素 a_n 外,每一个元素有且只有一个直接后继元素。线性表的逻辑结构如图2.1所示。

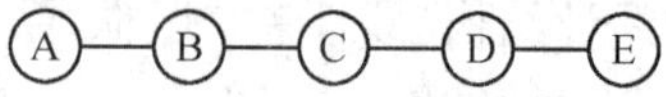

图2.1 线性表的逻辑结构

注意:线性表是指逻辑结构,表示元素之间一对一的相邻关系,而顺序表和链表是存储结构,两者属于不同层面的概念。

2.1.2 线性表的抽象数据类型

线性表的抽象数据类型包括数据对象集合和数据基本操作集合。其中,数据对象集合定义了线性表中的元素以及元素之间的关系;数据基本操作集合定义了在该数据对象上的一些操作。

1. 数据对象集合

线性表的数据对象集合为 $\{a_1, a_2, \cdots, a_n\}$,设每个元素的数据类型都为 ElemType,并且元素之间的关系是一对一的关系。

2. 数据基本操作集合

线性表的基本操作如下。

(1)InitList(&L):初始化线性表。

初始条件:线性表 L 不存在。

操作结果:构造一个空的线性表 L。

(2)ListEmpty(L):判断线性表是否为空。

初始条件:线性表 L 已存在。

操作结果:若 L 为空表,则返回 1;否则,返回 0。

(3)ListLength(L):返回线性表中元素的个数。

初始条件:线性表 L 已存在。

操作结果:返回线性表 L 中元素的个数。

(4)GetElem(L,i,&e):按位查找。

初始条件:线性表 L 已存在且 $1 \leqslant i \leqslant \text{ListLength}(L)$。

操作结果:用 e 返回 L 中的第 i 个数据元素值。

(5)LocateElem(L,e):按值查找。

初始条件:线性表 L 已存在。

操作结果:若查找成功,则返回该元素在表中的序号;否则,返回 0,表示查找失败。

(6)InsertList(&L,i,e):插入。

初始条件:线性表 L 已存在,$1 \leqslant i \leqslant \text{ListLength}(L) + 1$。

操作结果:在线性表 L 中第 i 个位置上插入指定元素 e。

(7)DeleteList(&L,i,&e):删除。

初始条件:线性表 L 已存在。

操作结果:删除线性表 L 中第 i 个位置的元素,并用 e 返回被删元素。

(8)Empty(L):判空。

初始条件:线性表 L 已存在。

操作结果:若 L 为空表,则返回 true;否则,返回 false。

(9)DestroyList(&L):销毁。

初始条件:线性表 L 已存在。

操作结果:销毁线性表,并释放线性表 L 所占用的内存空间。

2.2　线性表的顺序表示和实现

2.2.1　线性表的顺序表的顺序存储结构

线性表的顺序存储指的是线性表中的元素存放在一组连续的存储单元中,故定义采用顺序存储结构的线性表为顺序表。

在采用顺序储存结构的线性表中,第 1 个元素存储在线性表的起始位置,第 i 个元素存储在线性表的第 i 个位置,第 i 个元素的存储位置后面紧接着存储的是第 $i+1$ 个元素,因此,顺序表的特点是表中元素的逻辑顺序与其物理顺序一致。

假设线性表有 n 个元素,每个元素占用 m 个存储单元,如果存储的起始位置为 $\text{Loc}(a_1)$,则第 i 个元素的存储位置为 $\text{Loc}(a_i)$,第 $i+1$ 个元素的存储位置为 $\text{Loc}(a_{i+1})$。由于第 i 个元素与第 $i+1$ 个元素是相邻的,因此第 i 个元素的存储位置和第 $i+1$ 个元素的存储位置满足以下关系:

$$\text{Loc}(a_{i+1}) = \text{Loc}(a_i) + m$$

第 i 个元素的存储位置和第 1 个元素 a_1 的存储位置满足以下关系:

$$Loc(a_i) = Loc(a_1) + (i - 1) \times m$$

则顺序表 L 所对应的顺序存储结构如图 2.2 所示

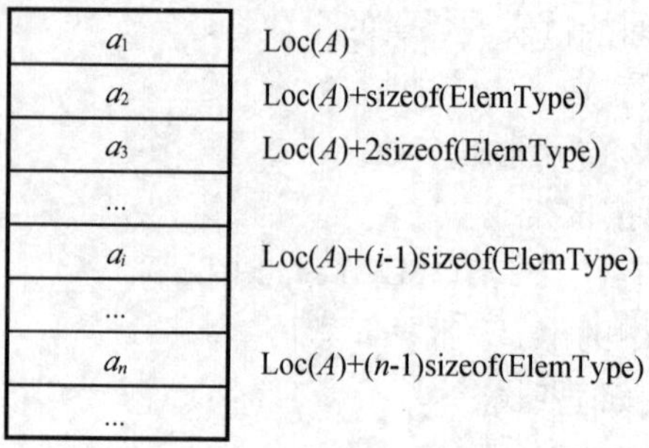

a_1	Loc(A)
a_2	Loc(A)+sizeof(ElemType)
a_3	Loc(A)+2sizeof(ElemType)
...	
a_i	Loc(A)+(i-1)sizeof(ElemType)
...	
a_n	Loc(A)+(n-1)sizeof(ElemType)
...	

图 2.2　顺序表顺序存储结构

假定线性表的元素类型为 ElemType,线性表的顺序存储类型描述如下所示。

```
#define MaxSize 50              //定义线性表的最大长度
typedef struct{
    ElemType data[MaxSize];     //顺序表的元素
    int length;                 //顺序表的当前长度
}SqList;                        //顺序表的类型定义
```

顺序表最主要的特点是随机访问,即通过首地址和元素序号可以快速寻找到指定元素。其存储密度高,每个结点只存储数据元素。

2.2.2　顺序表上基本操作的实现

采用顺序存储结构的线性表的基本操作如下。

1. 初始化顺序表

顺序表的初始化就是将顺序表的长度 length 置为 0。

```
void InitList(SeqList * L)//将顺序表初始化为空
{
        L -> length =0;//把顺序表的长度置为 0
}
```

2. 判断顺序表是否为空

判断顺序表是否为空就是判断顺序表的长度 length 是否为 0。

```
int ListEmpty(SeqListL) //判断顺序表是否为空,顺序表为空返回 1,否则返回 0
{
        if( L.length ==0)//顺序表长度为 0,返回 1
            return 1;
        else
            return 0; //否则返回 0
}
```

3. 按序号查找

先判断序号是否合法,如果合法,把对应位置的元素赋给 e,并返回 1 表示查找成功,否

则返回 -1 表示查找失败。

```
int GetElem(SeqList L,int i,DataType e)  //查找线性表中第 i 个元素。查找成
//功将该值赋给 e,并返回 1 表示成功;否则返回 -1 表示失败
{
if(i<1 || i>L.length)  //在查找第 i 个元素之前,判断该序号是否合法
            return -1;
       *e = L.list[i-1];
       return 1;
}
```

4. 按内容查找

按内容查找就是查找顺序表 *L* 中与给定的元素 *e* 相等的元素。如果找到,返回该元素在顺序表中的序号;如果没有找到与 *e* 相等的元素,则返回 0 表示失败。

```
int LocateElem(SeqList L,DataType e)  //查找顺序表中元素值为 e 的元素,查
//找成功,将对应元素的序号返回,否则返回 0 表示失败
{
       int i;
       for(i=0; i<L.length; i++)  //从第一个元素开始比较
           if(L.list[i] == e)
                  return i;
       return 0;
}
```

5. 插入操作

在顺序表 *L* 的第 $i(1 \leqslant i \leqslant L.length + 1)$ 个位置插入新元素 *e*。如果 *i* 的位置输入不合法,则返回 false,表示插入失败;否则,将顺序表的第 *i* 个元素以及其后的所有元素右移一个位置,腾出一个空位插入新元素 *e*,顺序表长度增加 1,插入成功,返回 true。

```
bool ListInsert(Sqlist &L,int i,DataType e)  //将元素 e 插入到顺序表 L 中第
                                             //i 个位置
{
       if(i<1 || i>L.length+1)          //判断 i 的范围是否有效
           return false;
       if(L.length >= MaxSize)          //当前存储空间已满,不能插入
           return false;
       for(int j=L.length; j>=i; j--)   //将第 i 个元素及之后的元素后移
           L.data[j] = L.data[j-1];
       L.data[i-1] = e;                 //在位置 i 处放入 e
       L.length ++;                     //线性表长度加 1
       Return true;
}
```

6. 删除操作

删除顺序表 *L* 中第 $i(1 \leqslant i \leqslant L.length)$ 个位置的元素,成功则返回 true,并将被删除的

元素通过引用变量 e 返回,否则返回 false。

```
bool ListDelete(SqList &L, int i, int &e)
//删除顺序表 L 中第 i 个位置的元素
{
        if(i < 1 || i > L. length + 1)        //判断 i 的范围是否有效
                return false;
        e = L. data[i - 1];                   //将被删除的元素赋值给 e
        for(int j = i; j < L. length; j ++)   //将第 i 个位置之后的元素前移
                L. data[j - 1] = L. data[j];
        L. length -- ;                        //线性表长度减 1
        return true;
}
```

7. 返回顺序表的长度

线性表的长度就是顺序表中的元素个数,只需要返回顺序表 L 的 length 的值。

```
int ListLength(SeqList L)
{
        return L. length;
}
```

8. 清空操作

顺序表的清空操作就是将顺序表中的元素删除。要删除顺序表中的所有元素,只需要将顺序表的长度置为 0。

```
void ClearList(SeqList * L)
{
        L. length = 0;
}
```

2.3 线性表的链式表示和实现

在顺序表中,由于逻辑上相邻的元素其物理位置也相邻,因此可以随机存取顺序表中的任何一个元素。但同时顺序表也存在着缺点,即插入和删除运算需要移动大量的元素,极大地影响运行效率,由此引入了线性表的链式存储。链式存储线性表时,不需要使用地址连续的存储单元,即它不要求逻辑上相邻的两个元素在物理位置上也相邻。它是通过"链"建立起数据元素之间的逻辑关系。因此,对线性表的插入和删除不需要移动元素,只需要修改指针。

2.3.1 单链表的存储结构

线性表的链式存储是采用一组任意的存储单元存放线性表的元素。这组存储单元可以是连续的,也可以是不连续的。因此,为了表示每个元素 a_i 与其直接后继元素 a_{i+1} 的逻辑关系,除了存储元素本身的数据信息外,还需要存储一个指示其直接后继元素的信息(即直

接后继元素的地址)。这两部分构成的存储结构称为结点(node)。结
点包括数据域和指针域两个域,数据域存放数据元素的信息,指针域存
放元素的直接后继元素的存储地址。其中,指针域中存储的信息称为
指针。结点结构如图 2.3 所示。

data	next
数据域	指针域

图 2.3 结点结构图

通过指针域把 n 个结点按照线性表中元素的逻辑顺序链接在一起,构成了链表。若链
表中的每一个结点的指针域只有一个,这样的链表称为线性链表或者单链表。

单链表的每个结点的地址存放在其直接前驱
结点的指针域中,而第一个结点没有直接前驱结
点,因此需要一个头指针指向第一个结点。同时,
由于表中的最后一个元素没有直接后继,需要将
单链表的最后一个结点的指针域置为"空"
(NULL)。

线性表(东风号,济南舰,长城号,渤海友谊
号,向阳红十号,远望三号)在计算机中存储的情
况举例如图 2.4 所示。

head

9

数据域	指针域	存储地址
东风号	32	23
济南舰	12	13
长城号	NULL	56
渤海友谊号	56	12
向阳红十号	23	9
远望三号	13	32

图 2.4 线性表的存储情况

存取链表必须从头指针 head 开始,头指针指向链表的第一个结点,通过头指针可以找
到链表中的每一个元素。

一般情况下,我们只关心链表中结点的逻辑顺序,而不关心它的实际物理存储位置。
通常用箭头表示指针,把链表表示为用箭头链接起来的序列。图 2.4 所示的线性表可以表
示成如图 2.5 所示的序列。

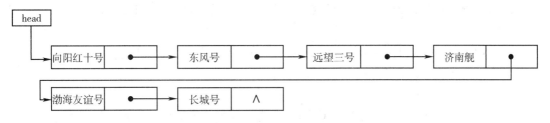

图 2.5 链表序列

有时为了操作上的方便,在单链表的第一个结点之前增加一个结点,称为头结点。头
结点的数据域可以存放线性表的长度等信息,头结点的指针域存放第一个结点的物理地址
信息,指向第一个结点。头指针指向头结点,不再指向链表的第一个结点。带头结点的单
链表如图 2.6 所示。

注意:初学者需要区分头指针和头结点的区别。头指针是指向链表第一个结点的指
针,若链表有头结点,则指向链表的头结点。带有头指针的链表具有标识作用,所以常用头
指针冠以链表的名字。头结点是为了操作的统一和方便而设立的,放在第一个元素结点之
前,不是链表的必需元素。有了头结点,对在第一个元素结点之前插入结点和删除第一个
结点,其操作与其他结点的操作相同。

单链表的存储结构用 C 语言描述如下:

```
typedef struct Node
{
```

ElemType data;

Struct Node * next;

}ListNode, * LinkList;

其中,ListNode 是链表的结点类型,LinkList 是指向链表结点的指针类型。

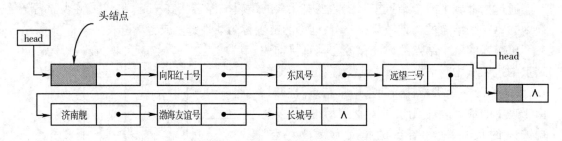

图 2.6　带头结点的单链表

2.3.2　单链表上的基本运算

单链表上的基本运算有链表的创建、单链表的插入、单链表的删除和求单链表的长度等,以下是带头结点的单链表的基本运算的具体实现。

1. 单链表的初始化操作

单链表的初始化就是要把单链表初始化为空的单链表,这需要为头结点分配存储单元,并将头结点的指针域置为空。代码如下:

void InitList(LinkList * head)

//将单链表初始化为空。动态生成一个头结点,并将头结点的指针域置为空

{

　　if((* head = (LinkList)malloc(sizeof(ListNode))) == NULL)

　　　　//为头结点分配一个存储空间

　　　　　　exit(-1);

　　　　(* head)->next = NULL;　　//将单链表的头结点指针域置为空

}

2. 判断单链表是否为空

判断单链表是否为空就是看单链表的头结点的指针域是否为空,即 head -> next == NULL。代码如下:

int ListEmpty(LinkList head)

//判断单链表是否为空,就是判断头结点的指针域是否为空

　{

　　　　if(head -> next) == NULL) //判断单链表头结点的指针域是否为空

　　　　　　return 1;　　　　　　　//当单链表为空时返回 1;否则返回 0

　　　　else

　　　　　　return 0;

　}

3. 按序号查找

在单链表中从第一个结点出发,顺指针 next 域逐个往下搜索,直到找到第 i 个结点为

止,否则返回最后一个结点指针域 NULL。代码如下:

```
LNode * GetElem(LinkList L, int i)
//本算法取出单链表 L(带头结点)中第 i 个位置的结点指针
{
        int j = 1;//计数,初始为 1
        LNode * p = L -> next;//头结点指针赋给 p
            if(i == 0)
                    return L;//若 i 等于 0,则返回头结点
            if(i < 1)
                    return NULL;//若 i 无效,则返回 NULL
            while(p&&j < i)            //从第 1 个结点开始找,查找第 i 个结点
            {
                p = p -> next;
                j ++ ;
            }
            return p;
            //返回第 i 个结点的指针,如果 i 大于表长,p = NULL,直接返回 p 即可
}
```

4. 按值查找表结点

从单链表第一个结点开始,由前往后依次比较表中各结点数据域的值,若某结点数据域的值等于给定值 e,则返回该结点的指针;若整个单链表中没有这样的结点,返回 NULL。代码如下:

```
LNode * LocateElem(LinkList L, ElemType e)
{
//查找单链表 L(带头结点)中数据域值等于 e 的结点指针,否则返回 NULL
    LNode * p = L -> next;
while(p! = NULL&&p -> data! = e) {
//从第一个结点开始查找 data 域为 e 的结点
        p = p -> next;
    }
    return p;            //找到后返回该结点指针,否则返回 NULL
}
```

5. 插入结点操作

插入操作是将值为 x 的新结点插入到单链表的第 i 个位置上。先检查插入位置的合法性,然后找到待插入位置的前驱结点,即第 $i-1$ 个结点,再在其后插入新结点。

算法首先调用按序号查找算法 GetElem(L, $i-1$),查找第 $i-1$ 个结点。假设返回的第 $i-1$ 个结点为 *p,然后令新结点 *s 的指针域指向 *p 的后继结点,再令结点 *p 的指针域指向新插入的结点 *s。其操作过程如图 2.7 所示。

实现插入结点的代码片段如下:

①p = GetElem(L, $i-1$);//查找插入位置的前驱结点

②s –> next = p –> next;//图 2.7 中操作步骤(1)

③p –> next = s;//图 2.7 中操作步骤(2)

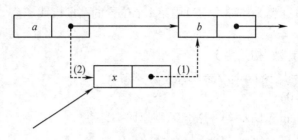

图 2.7　单链表结点的插入操作

算法中,语句①与③的顺序不能颠倒,否则,当先执行 p –> next = s 后,指向其原后继的指针就不存在了。再执行 s –> next = p –> next 时,相当于执行了 s –> next = s,这显然是错误的。

【扩展】对某一结点进行前插操作。

前插操作是指在某结点的前面插入一个新结点,与后插操作的定义刚好相反,在单链表插入算法中,通常都是采用后插操作的。

以上面的算法为例,首先调用函数 GetElem( )找到第 $i-1$ 个结点,即插入到结点的前驱结点,再对其执行后插操作。由此可知,对结点的前插操作均可以转化为后插操作,前提是从单链表的头结点开始顺序查找到其前驱结点。此外,可以采用另一种方式将其转化为后插操作来实现,设待插入结点为 * s,将 * s 插入到 * p 的前面。处理方式是将 * s 插入到 * p的后面,然后将 p –> data 与 s –> data 交换即可。部分代码如下:

实现将 * s 结点插入到 * p 之前的代码如下:

s –> next = p –> next;//修改指针域,不能颠倒

p –> next = s;

temp = p –> data;　//交换数据域部分

p –> data = s –> data;

s –> data = temp;

6. 删除结点操作

删除操作是将单链表的第 i 个结点删除。首先检查删除位置的合法性,然后查找表中第$i-1$个结点,即被删结点的前驱结点,再将其删除。其操作过程如图 2.8 所示。

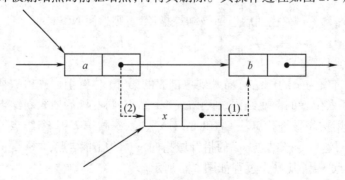

图 2.8　单链表结点的删除操作

假设结点 ∗p 为找到的被删结点的前驱结点,为了实现这一操作后的逻辑关系的变化,仅需要修改 ∗p 的指针域,即将 ∗p 的指针域 next 指向 ∗q 的后继结点。

实现删除结点的代码如下:

p = GetElem(L,i − 1);//查找删除位置的前驱结点

q = p -> next;　　　　// 令 q 指向被删结点

p -> next = q -> next　　//将 ∗q 结点从链中"断开"

free(q);　　　　　　//释放结点的存储空间

【扩展】删除结点 ∗p。

要实现删除某一个结点 ∗p,通常的做法是先从链表的头结点开始顺序找到其前驱结点,然后再执行删除操作。其实,删除结点 ∗p 的操作可以用删除 ∗p 的后继结点操作来实现,实质就是将其后继结点的值赋予自身,然后删除后继结点。

实现上述操作的代码如下:

q = p -> next;　　　　　　　//令 q 指向 ∗p 的后继结点

p -> data = p -> next -> data;　//和后继结点交换数据域

p -> next = q -> next;　　　　//将 ∗q 结点从链表"断开"

free(q);　　　　　　　　　//释放后继结点的存储空间

7. 求表长操作

求表长操作就是计算单链表中数据结点(不含头结点)的个数,需要从第一个结点开始依次访问表中的每一个结点,为此需要设置一个计数器变量,每访问一个结点,计算器加1,直到访问到空结点为止。

注意:因为单链表的长度是不包括头结点的,因此,不带头结点和带头结点的单链表在求表长操作上会略有不同。对不带头结点的单链表,当表为空时,要单独处理。

8. 销毁链表操作

单链表的结点空间是动态申请的,在程序结束时要将这些结点空间释放,单链表的结点空间可通过 free 函数释放。

```
void DestroyList( LinkList head)
{
    ListNode ∗ p, ∗ q;
    while( p ! = NULL)
    {
        q = p;
        p = p -> next;
        free( q);
    }
}
```

2.3.3　循环单链表

循环链表是一种特殊形式的链式存储结构,它是线性链表的一种。在线性链表中,每个结点的指针都指向它的下一个结点,最后一个结点的指针域为空,不指向任何地方,表示链表的结束。若把这种结构改变一下,使其最后一个结点的指针指向链表的第一个结点,

则链表呈环状,这种形式的线性表就叫作循环链表。

循环单链表是一种首尾相连的单链表。在单链表的基础上,将单链表的最后一个结点的指针域由 NULL 变成指向单链表的头结点或第一个结点,这样的单链表即为循环单链表。

循环单链表分为带头结点结构和不带头结点结构两种。循环单链表不为空时,最后一个结点的指针域指向头结点,如图 2.9 所示。循环单链表为空时,头结点的指针域指向头结点本身,如图 2.10 所示。

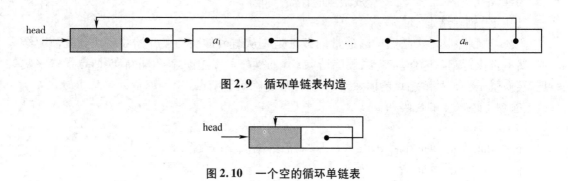

图 2.9   循环单链表构造

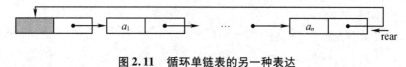

图 2.10   一个空的循环单链表

循环单链表的实现方法与单链表的实现方法类似,区别仅在于判断链表是否为空的条件上。带头结点的循环单链表为空的判断条件是 head -> next == head。

有时为了操作上的方便,在循环单链表中只设置尾指针而不设置头指针,利用 rear 指向循环单链表的最后一个结点,如图 2.11 所示。在单链表中只能从头结点开始往后顺序遍历整个链表,而循环单链表可以从表中的任一结点开始遍历整个链表。有时对单链表常做的操作是在表头和表尾进行的,此时可对循环单链表不设头指针而仅设尾指针,从而使操作效率更高。

图 2.11   循环单链表的另一种表达

循环单链表的存储结构用 C 语言描述如下:

```
struct Cnode
/* 线性表的循环单链表结构 */
{
    int data;
    struct Cnode * next;
} ClinkList;
```

2.3.4   双向链表

单链表和循环单链表的每一个结点的指针域只有一个,要查找指针 p 指向结点的直接前驱结点,必须从 p 指针出发,顺着指针域把整个链表访问一遍,才能找到该结点。可以利用双向链表解决单链表的这种缺点。

1. 双向链表的存储结构

双向链表是指链表中的每个结点都有两个指针域,其中一个指向直接前驱结点,另一个指向直接后继结点。其结点结构如图 2.12 所示。

prior	data	next
指向直接 前驱结点	数据域	指向直接 后继结点

图 2.12　双向链表结点结构图

在双向链表中,每个结点包括三个域,即 data 域、prior 域、next 域。其中,data 域为数据域,存放数据元素;prior 域为前驱结点指针域,指向直接前驱结点;next 域为后继结点域,指向直接后继结点。

双向链表也分为带头结点和不带头结点两种,带头结点可以使某些操作更加方便。除此之外,双向链表也有循环结构,称为双向循环链表。

在双向链表中,因为每个结点既有前驱结点的指针域又有后继结点的指针域,所以查找结点更加方便。

假设 p 是指向链表中某个结点的指针,则有 p = p –> prior –> next = p –> next –> prior。

双向链表的结点存储结构用 C 语言描述如下:

```
typedef struct Node
{
    ElemType data;
    struct Node * prior;
    struct Node * next;
} DListNode, * DlinkList;
```

2. 双向链表的基本运算

双向链表的一些操作,如查找链表的第 i 个结点、求链表的长度等,与单链表中的算法实现基本上没有什么差异。但是对于双向链表的插入和删除操作,因为涉及前驱结点指针和后继结点指针,所以需要修改两个方向上的指针。

(1)插入操作

插入操作就是要在带头结点的双向循环链表中的第 i 个位置插入一个元素值为 e 的结点。若插入成功则返回 1,否则返回 0。

算法思想:首先找到第 i 个结点,用 p 指向该结点。再申请一个新结点,由 s 指向该结点,将 e 放入数据域。然后开始修改 p 和 s 指向的结点的指针域:修改 s 的 prior 域,使其指向 p 的直接前驱结点,即 s –> prior = p –> prior;将 p 的直接前驱结点的 next 域指向 s 指向的结点,即 p –> prior –> next = s;修改 s 的 next 域,使其指向 p 指向的结点,即 s –> next = p;修改 p 的 prior 域,使其指向 s 指向的结点,即 p –> prior = s。

```
int InsertDList( DListLink head, int i, DataType e)
{
    DListNode * p, * s;
    int j;
    p = head –> next;
    p = head –> next;
    j = 0;
    while( p! = head&&j < i)
```

```
        {
            p = p -> next;
            j ++ ;
        }
        if( j ! = i)
        {
            printf( " 插入位置不正确" ) ;
            return 0 ;
        }
        s = ( DListNode * ) malloc( sizeof( DListNode) ) ;
        if( !s)
            return  - 1 ;
        s -> data = e ;
        s -> prior = p -> prior ;
        p -> prior -> next = s ;
        s -> next = p ;
        p -> prior = s ;
        return 1 ;
    }
```

（2）删除操作

删除操作就是将带头结点的双向循环链表中的第 i 个结点删除。若删除成功则返回1，否则返回0。

算法思想：首先找到第 i 个结点，用 p 指向该结点，然后开始修改 p 指向的结点的直接前驱结点和直接后继结点的指针域，从而将 p 与链表断开。将 p 指向的结点与链表断开需要两步：

①修改 p 的前驱结点的 next 域，使其指向 p 的直接后继结点，即

```
        p -> prior -> next = p -> next;
```

②修改p 的直接后继结点的 prior 域，使其指向 p 的直接前驱结点，即

```
        p -> next -> prior = p -> prior;
```

```
int DeleteDList( DListLink head, int i, DataType  * e)
{
    DListNode  * p;
    int j;
    p = head -> next;
    j = 0;
    while( p! = head&&j < i)
    {
        p = p -> next;
        j ++ ;
    }
```

```
if( j ! = i)
{
    printf("删除位置不正确");
    return 0;
}
p -> prior -> next = p -> next;
p -> next -> prior = p -> prior;
free( p);
return 1;
}
```

2.4 线性表的应用举例

1. 约瑟夫环问题

约瑟夫环问题的一种描述是:编号为 $1,2,\cdots,n$ 的 n 个人按顺时针方向围坐一圈,每人持有一个密码(正整数)。开始时任选一个正整数作为报数上限值 m,从第一个人开始按顺时针方向自 1 开始顺序报数,报到 m 时停止报数。报 m 的人出列,将他的密码作为新的 m 值,从他在顺时针方向上的下一个人开始重新从 1 报数,如此下去,直至所有人全部出列为止。试设计一个程序求出出列顺序。提示:利用单向循环链表存储结构模拟此过程,按照出列的顺序印出各人的编号,程序运行后首先要求用户输入初始报数上限值 m 和人数 n(设 $n \leqslant 30$),然后输入各人的密码。

2. 多项式的表示及相加

设计一个算法,以实现一元稀疏多项式的加法运算(用带表头结点的单链表存储多项式)。

2.5 本 章 小 结

1. 线性表

(1)线性表是 $n(n \geqslant 0)$ 个数据元素的序列,通常写成:
$$(a_1,\cdots,a_{i-1},a_i,a_{i+1},\cdots,a_n)$$
(2)线性表中除了第一个和最后一个元素之外,都只有一个前驱和一个后继。

(3)线性表中每个元素都有自己确定的位置,即"位序"。

(4)$n = 0$ 时的线性表称为"空表",在写线性表的操作算法时一定要考虑算法对空表的情况是否也正确。

2. 顺序表

(1)顺序表是线性表的顺序存储结构的一种别称。

(2)特点是以"存储位置相邻"表示两个元素之间的前驱、后继关系。

（3）优点是可以随机存取表中任意一个元素。

（4）缺点是每作一次插入或删除操作，平均必须移动表中一半元素。

（5）常应用于查询，而很少作插入和删除操作，且表长变化不大。

3. 链表

（1）链表是线性表的链式存储结构的别称。

（2）特点：以"指针"指示后继元素，因此线性表的元素可以存储在存储器中任意一组存储单元中。

（3）优点：便于进行插入和删除操作。

（4）缺点：不能进行随机存取，每个元素的存储位置都存放在其前驱元素的指针域中，为取得表中任意一个数据元素，必须从第一个数据元素开始进行查询。

（5）由于它是一种动态分配的结构，因此结点的存储空间可以随用随取，并在删除结点时随时释放，以便系统资源更有效地被利用。这对编制大型软件非常重要，作为一名程序员在编制程序时必须养成这种习惯。

【例题精解】

例 2.1　将存在于线性表 Lb 中而不在 La 中的数据元素加入线性表 La 中，即 $La = La \cup Lb$。

算法思想：逐一取出 Lb 中的元素，判断是否在 La 中，若不在，则插入。

（1）先求出 La、Lb 长度。

（2）若 Lb 未取空，取 Lb 中一元素 e，若 Lb 取空则转（4）。

（3）如 e 不在 La 中，则插入到 La 中，转（2）。

（4）结束。

解析：算法如下：

```
void union( List &La, List Lb)
{   La_len = (ListLength(La));
Lb_len = (ListLength(Lb));
for (i = 1; i <= Lb_len; i ++ )
            {   GetElem(Lb, i, &e);              //取 Lb 中第 i 个元素
    if (! LocateElem(La, e, equal))
ListInsert(&La,  ++ La_len, e);
            }               //La 中不存在和 e 相同的元素,则插入之
} //union
```

算法的时间复杂度为：$O(ListLength(La) \times ListLength(Lb))$

例 2.2　按正位序创建一个带表头结点的单链表。

解析：1. 预定义常量与存储结构描述

```
#define NULL 0               //预定义常量
typedef struct LNode
            {char data;
struct LNode * next;
            }LNode, * Linklist;        //存储结构描述
```

2. 定义存储结构上的操作

```
void create_L_zx(Linklist L)
{int i,n;
Linklist q,p;
printf("inputn:");
scanf("%d%*c",&n);
q = L;
for(i=0;i<n;i++)
    {p = (Linklist)malloc(sizeof(LNode));
     scanf("%c",&p->data);      p->next = NULL;
     q->next = p;q = p;
    }
}
void print_L(Linklist L)
{Linklist p;
     printf("The list is:\n");
     p = L->next;
     while(p) {
     printf("%3c",p->data);
     p = p->next;
    }
printf("\n");
}
```

3. 测试程序

```
main()
{Linklist L;
clrscr();
L = (Linklist)malloc(sizeof(LNode));
L->next = NULL;
create_L_zx(L);
print_L(L);
}
```

例 2.3 给定两个单链表,编写算法找出两个链表的公共结点。

解析:两个单链表有公共结点,也就是说两个链表从某一结点开始,它们的 next 都指向同一个结点。由于每个单链表结点只有一个 next 域,因此从第一个公共结点开始,之后它们所有的结点都是重合的,不可能再出现分叉。所以,两个有公共结点而部分重合的单链表,拓扑形状看起来像 Y,而不可能像 X。本题代码如下:

```
LinkList Search_1st_Common(LinkList L1,LinkList L2) {
    //本算法实现在线性的时间内找到两个单链表的第一个公共结点
    int len1 = Length(L1);
```

```
    int len2 = Length(L2);              //计算两个链表的表长
    LinkList longList,shortList;        //分别指向表长较长和较短的链表
    if(len1 >len2) {                    //L1 表长较长
        longList = L1 -> next;
        shortList = L2 -> next;
        dist = len1 - len2;            //表长之差
    } else {//L2 表长较长
        longList = L2 -> next;
        shortList = L1 -> next;
        dist = len2 - len1;            //表长之差
    }
    while(dist -- ) {                   //表长的链表先遍历到第 dist 个结点,然后同步
        longList = longList -> next;
    }
    while(longList! = NULL) {           //同步寻找共同结点
        if(longList == shortList) {     //找到第一个公共结点
            return longList;
        } else {
            longList = longList -> next;     //继续同步寻找
            shortList = shortList -> next;
        }
    }
    return NULL;
}
```

例 2.4 有一个带头结点的单链表 L,设计一个算法使其元素递增有序。

解析:采用直接插入排序算法的思想,先构造只含有一个数据结点的有序单链表,然后依次扫描单链表中剩下的结点 $*p$(直至 $p == NULL$ 为止),在有序表中通过比较查找插入 $*p$ 的前驱结点 $*pre$,然后 $*p$ 插入到 $*pre$ 之后。本题代码如下:

```
void Sort(Linklist &L) {
    //本算法实现将单链表 L 的结点重排,使其递增有序
    LNode *p = L -> next, *pre;
    LNode *r = p -> next;          //r 保持 *p 后继结点指针,以保证不断链
    p -> next = NULL;              //构造只含一个数据结点的有序表
    p = r;
    while(p! = NULL) {
        r = p -> next;             //保存 *p 的后继结点指针
    pre = L;
        while(pre -> next! = NULL&&pre -> next -> data < p -> data) {
            pre = pre -> next;     //在有序表中查找插入 *p 的前驱结点 *pre
    }
```

```
p -> next = pre -> next;        //将 * p 插入到 * pre 之后
pre -> next = p;
p = r;                          //扫描原单链表中剩下的结点
  }
}
```

练　习

2.1 线性表是(　　　)。

A. 一个有限序列,可以为空　　　　　　B. 一个有限序列,不能为空

C. 一个无限序列,可以为空　　　　　　D. 一个无限序列,不能为空

2.2 对顺序存储的线性表,设其长度为 n,在任何位置上插入或删除操作都是等概率的。插入一个元素时平均要移动表中的(　　　)个元素。

A. $n/2$　　　　　　B. $n + 1/2$　　　　　　C. $n - 1/2$　　　　　　D. n

2.3 线性表采用链式存储时,其地址(　　　)。

A. 必须是连续的　　　　　　B. 部分地址必须是连续的

C. 一定是不连续的　　　　　　D. 连续与否均可以

2.4 用链表表示线性表的优点是(　　　)。

A. 便于随机存取　　　　　　B. 花费的存储空间较顺序存储少

C. 便于插入和删除　　　　　　D. 数据元素的物理顺序与逻辑顺序相同

2.5 某链表中最常用的操作是在最后一个元素之后插入一个元素和删除最后一个元素,则采用(　　　)存储方式最节省运算时间。

A. 单链表　　　　　　B. 双链表

C. 单循环链表　　　　　　D. 带头结点的双循环链表

2.6 循环链表的主要优点是(　　　)。

A. 不再需要头指针

B. 已知某个结点的位置后,能更好地保证链表不断开

C. 在进行插入、删除运算时,能更好地保证链表不断开

D. 从表中的任意结点出发都能扫描到整个链表

2.7 下面关于线性表的叙述错误的是(　　　)。

A. 线性表采用顺序存储,必须占用一片地址连续的单元

B. 线性表采用顺序存储,便于进行插入和删除操作

C. 线性表采用链式存储,不必占用一片地址连续的单元

D. 线性表采用链式存储,不便于进行插入和删除操作

2.8 单链表中,增加一个头结点的目的是为了(　　　)。

A. 使单链表至少有一个结点　　B. 表示表结点中首结点的位置

C. 方便运算的实现　　　　　　D. 说明单链表是线性表的链式存储

2.9 从有序顺序表中删除其值在给定值 s 与 t 之间的所有元素,如果 s 或 t 不合理或者顺序表为空则显示出错信息并退出运行。

2.10 从顺序表中删除具有最小值的元素(假设唯一)并由函数返回被删元素的值。空出的位置由最后一个元素填补。若顺序表为空则显示出错信息并退出运行。

2.11 编写在带头结点的单链表 *L* 中删除一个最小值结点的高效算法(假设最小值结点是唯一的)

2.12 对于线性表的两种存储结构,如果有 *n* 个线性表同时并存,而且在处理过程中各表的长度会动态发生变化,线性表的总数也会自动改变,在此情况下,应选用哪一种存储结构,为什么?

2.13 试说明程序段实现的操作。

(1)Status A(LinkedList L) {
　　//L 是无表头结点的单链表
　　　　if (L&&L -> next) {
　　　　　　Q = L; L = L -> next; P = L ;
　　　　　　while (P -> next) P = P -> next;
　　　　　　P -> next = Q; Q -> next = NULL;
　　　　　　}
　　　　return OK;
　　} // A

(2) void BB(LNode ∗ s, LNode ∗ q) {
　　　　p = s;
　　　　while (p -> next! = q)
　　　　p = p -> next;
　　　　p -> next = s;
　　} //BB

void AA(LNode ∗ pa, LNode ∗ pb) {
　　// pa 和 pb 分别指向单循环链表中的两个结点
　　　　BB(pa, pb);
　　　　BB(pb, pa);
　　} //AA

2.14 设顺序表 *a* 中的数据元素递增有序。试写一算法,将 *x* 插入到顺序表的适当位置上,以保持该表的有序性。

提示:void InsertOrderList(SqList &a, ElemType x)
//已知顺序表 a 中的数据元素递增有序,将 x 插入到顺序表的适当位
//置上以保持该表的有序性
//顺序表应判断空间是否满

2.15 试写一算法,对单链表实现就地逆置。

提示:void invert_linkst(LinkList &L)
//逆转以 L 为头指针的单链表

习题选解

2.1 A

2.2 A

2.3 D

2.4 C

2.5 D

2.6 D

2.7 B、D

2.8 C

2.9 解析:因为是有序表,所以删除的元素必然是相连的整体。首先寻找值大于等于 s 的第一个元素(第一个删除的元素),然后寻找值大于 t 的第一个元素(最后一个删除的元素的下一个元素),要将这段元素删除,则只需直接将后面的元素前移即可。本题代码如下:

```
bool Del_s_t2(sqList &L,ElemType s,ElemType t) {
//删除有序顺序表 L 值在给定值 s 与 t 之间的所有元素
    int i,j;
    if(s >=t || L. length ==0) {
        return false;
    }
    for(i =0; i < L. length&&L. data[i] < s; i ++);   //寻找大于等于 s 的第一个元素
    if(i >= L. length) {
        return false;                               //所有元素值均小于 s,则返回
    }
    for(j =i; j < L. length&&L. data[j] <= t; j ++); //寻找值大于 t 的第一个元素
    for( ; j < L. length;i ++ ,j ++ ) {
        L. data[i] = L. data[j];                    //前移,填补被删元素位置
    }
    L. length = i;
    return true;
}
```

2.10 解析:搜索整个顺序表,查找最小值元素并记住其位置,搜索结束后用最后一个元素填补空出的原最小值元素位置。本题代码如下:

```
bool Del_Min(sqList &L,ElemType &value) {
//删除顺序表 L 中最小值元素结点,并通过引用型参数 value 返回其值
//如果删除成功,返回 true;否则,返回 false
    if(L. length ==0) {
        return false;                        //表空,中止操作返回
    }
    value = L. data[0];
```

```
    int pos = 0;                           //假定 0 号元素的值最小
    for( int i = 1; i < L. length;i ++ ) {  //循环,寻找最小值元素
        if( L. data[ i] < value ) {         //让 value 保存当前具有最小值的元素
            value = L. data[ i];
            pos = i;
        }
    }
    L. data[ pos] = L. data[ L. length − 1];  //空出的位置由最后一个元素填补
    L. length −− ;
    return true;                            //此时 value 即为最小值
}
```

2.11 解析:用 p 从头至尾扫描单链表,pre 指向 ∗ p 结点的前驱,用 minp 保存值最小的结点指针,minpre 指向 ∗ minpre 结点的前驱,边扫描边比较,若p −> data小于 minp −> data。则将 p,pre 分别赋值给 minp,minpre。当 p 扫描完毕,minp 指向最小值结点,minpre 指向最小值结点的前驱结点,再将 minp 所指向结点删除即可。本题代码如下:

```
LinkList Delete_Min( LinkList &L) {
//L 是带头结点的单链表,本算法删除其最小值结点
    LNode ∗ pre = L, ∗ p = pre −> next;//p 为工作指针,pre 指向其前驱
    LNode ∗ minpre = pre, ∗ minp = p;//保存最小值结点及其前驱
    while( p! = NULL) {
    if( p −> data < minp −> data) {
        minp = p;//找到比之前找到的最小值结点更小的结点
        minpre = pre;
    }
    pre = p;//继续扫描下一个结点
    p = p −> next;
    }
minpre −> next = minp −> next;//删除最小值结点
free( minp) ;
return L;
}
```

2.12 应选用链式存储结构,因为链式存储结构是用一组任意的存储单元依次存储线性表中的各元素,这里存储单元可以是连续的,也可以是不连续的。这种存储结构对于元素的删除或插入运算是不需要移动元素的,只需修改指针即可,所以很容易实现表容量的扩充。

2.13 (1)把无头结点单链表的第一个结点移动到最后一个,使第二个结点变为头结点,原来的头结点或为最后一个。

(2)将原单循环链表分解成了两个单循环链表。

2.14 void InsertOrderList(SqList &a , ElemType x)
   {if(a. length >= a. listsize)   //空间是否已满

```
newbase = ( ElemType  ∗ ) realloc( a. elem, ( a. listsize + LISTINCREMENT)
 ∗ sizeof( ElemType) ) ;
     if ( !newbase) exit( OVERFLOW) ;
     a. elem = newbase;
     a. listsize +  = LISTINCREMENT;
     if( x >= a. elem[ a. length − 1 ] )
             {
a. elem[ a. length] = x; break; //如果 x 大于表最后一个元素
             }
else{
While( i <= a. length&&x <= a. elem[ i ] )
i ++ ;                      //依次后移
for( q = a. length;q >= i;  q −− )
a. elem[ q + 1 ] = L. elem[ q ] ;
a. elem[ i ] = x;break;
                {
                }
a. length ++ ;          //更新顺序表大小
    }
2. 15 Status reverse( LinkList &L)   //单链表的逆置
      {p = L −> next;
      if( p = NULL| | p −> next = NULL)
      return OK; //空表和表中只有一个结点时,不用逆置
      while( p −> next! = NULL)
      {q = p −> next;
p −> next = q −> next;  //删除结点 q,但未释放
q −> next = L −> next;
L −> next = q;      //将 q 插入头结点之后
                {
P −> next = NULL;
return OK;
    }//reverse
```

第3章 栈和队列

前面一章我们主要介绍了线性表的逻辑结构、存储结构以及顺序存储结构和链式存储结构下相应操作的算法表示及实现。本章我们将介绍两种新的数据结构类型,即栈和队列。与线性表相比,栈和队列的插入和删除操作受更多的约束和限定,故又称为限定性的线性表结构。线性表允许在表内任一位置进行插入和删除,在栈中,仅能在栈表尾部进行插入和删除元素的操作,具有"后进先出"的特性;而在队列中,可以在队列表的两端进行操作,即只能在表头删除元素,在表尾插入元素,具有"先进先出"的特性。

本章我们从栈和队列的基本概念出发,讲解其逻辑结构及在计算机中的存储结构,最后给出了栈和队列的应用举例,帮助读者增进对这两种限定性的线性数据结构的理解和掌握。

3.1 栈和队列的逻辑结构

3.1.1 栈的逻辑结构

栈是一种只能在其表尾进行插入元素、删除元素的特殊线性结构。为了在今后的学习中描述的便利,定义如下概念。我们将能够进行插入和删除操作的表尾规定为"栈顶",相应地,将不能进行插入和删除操作的表头称为"栈底",将不含任何元素的栈称为空栈。由于栈只能在栈顶进行插入和删除操作,即后插入的元素先弹出,故栈具有"后进先出"的特性。栈的逻辑结构如图 3.1所示。

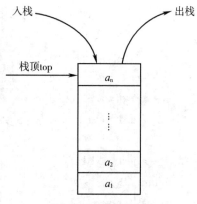

图 3.1 栈的逻辑结构

在现实生活中,存在着许多类似于栈结构的例子,如餐厅厨房里的一摞盘子,人们通常将最后涮洗的盘子放在最上面,每次也最先使用这个盘子。如果把这摞盘子看作是一个栈,那么最顶上的盘子可以当作栈顶,最底下的盘子当作栈底。

下面给出栈逻辑结构的定义。栈 $S = (a_1, a_2 \cdots, a_n)$,其中$a_1$位于表头,即栈底的位置;$a_n$位于表尾,即栈顶的位置;$a_1, a_2, \cdots, a_n$在栈内从栈顶到栈底倒序存储。栈的主要操作包括创建一个空栈,将元素压入栈顶,弹出栈顶元素,读取栈顶元素等,具体如下所示(我们用 C 语言中的函数来封装对栈的操作)。

1. 创建一个空栈

void CreateStack(Stack ＊s, int maxsize)

操作结果:创建一个空栈,栈所能容纳最大元素的个数为 maxsize。

2. 入栈操作

void Push(Stack ∗s,T x)

操作结果:在栈未满的情况下,向栈顶插入新的元素 x。

3. 出栈操作

void Pop(Stack ∗s)

操作结果:在栈非空的情况下,弹出栈顶元素。

4. 判断栈是否为空

Bool IsEmpty(Stack s)

操作结果:判断栈是否为空,为空则返回 true,非空则返回 false。

5. 判断栈是否已满

Bool IsFull(Stack s)

操作结果:判断栈是否已满,已满则返回 true,未满则返回 false。

6. 读取栈顶元素

void StackTop(Stack s,T ∗x)

操作结果:在栈非空的情况下,读取栈顶元素,并将栈顶元素的值存入 x。

3.1.2 队列的逻辑结构

队列和栈相同,均是一种操作受限的线性数据结构。队列是一种只能在其表尾进行插入元素、在其表头进行删除元素的特殊线性结构。现做如下规定:将只能进行删除元素的表头称为"队头",将只能进行插入元素的表尾称为"队尾",不含任何元素的队列称为空队列。根据以上对队列的描述,我们不难发现,队列中先插入的元素先弹出,后插入的元素后弹出,即队列具有"先进先出"的特性。队列的逻辑结构如图 3.2 所示。

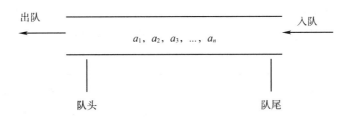

图 3.2 队列的逻辑结构

在程序设计中与队列相类似的一个经典问题就是操作系统中的作业排序。当多个作业共同运行在操作系统中的时候,若运行结果都需要通过通道输出,则作业按请求输出的先后顺序进行排队。每次通道接受新的作业输出任务时都从队头取作业,而新申请输出的作业都从队尾进入队列,排队等待通道调用。

接下来定义队列的逻辑结构。队列 $Q = (a_1,a_2,\cdots,a_n)$,其中 a_1 位于表头,即队头的位置;a_n 位于表尾,即队尾的位置;$a_1,a_2,\cdots,a_n$ 在队列内从队头到队尾顺序存储。队列的主要操作包括创建一个空队列,将元素压入队尾,弹出队头元素,读取队头元素等,具体如下所示(我们用 C 语言中的函数来封装对队列的操作)。

1. 创建一个空队列

void CreateQueue(Queue * q, int maxsize)

操作结果：创建一个空队列，队列中允许存入最大元素的个数为 maxsize。

2. 入队操作

void Append(Queue * q,T x)

操作结果：在队列未满的情况下，向队尾插入新的元素 x。

3. 出队操作

void Serve(Queue * q)

操作结果：在队列非空的情况下，删除队头第一个元素。

4. 判断队列是否为空

Bool IsEmpty(Queue q)

操作结果：判断队列是否为空，如果为空则返回 true，如果非空则返回 false。

5. 判断队列是否已满

Bool IsFull(Queue q)

操作结果：判断队列是否已满，如果已满则返回 true，如果未满则返回 false。

6. 读取队头元素

void QueueFront(Queue q,T * x)

操作结果：在队列非空的情况下，读取队头元素，并将队头元素的值存入 x。

以上介绍了两种操作受限的线性数据结构，即栈和队列。下面将介绍另一种限定型的数据结构即双端队列。所谓双端队列是一种只能在表的两端进行插入删除操作的线性数据结构。定义双端队列两个端点为头端点（端点 1）和尾端点（端点 2）。

在实际应用中，还包括一些特殊的双端队列类型。

输出受限的双端队列：一个端点允许插入和删除，另一个端点只允许插入的双端队列。

输入受限的双端队列：一个端点允许插入和删除，另一个端点只允许删除的双端队列。

若存在某个双端队列从某个端点插入的元素只能从该端点删除，则该双端队列就变化为两个栈底相邻接的栈了。双端队列的逻辑结构如图 3.3 所示。

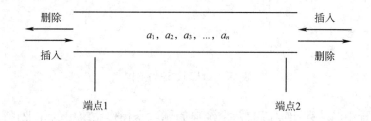

图 3.3　双端队列的逻辑结构

尽管从上面对双端队列的逻辑结构的描述上看，双端队列看起来似乎比栈和队列更灵活，但实际上在应用程序中远不及栈和队列常用，所以这里不进行详细讨论。

3.2 栈和队列的顺序表示及实现

在前面的学习中了解到,在计算中有两种最常用的存储结构,即线性存储和链式存储。本小节主要讲解栈和队列在计算机中的顺序存储结构。下面将采用顺序存储结构的栈简称为顺序栈,采用顺序存储结构的队列简称为顺序队列。

3.2.1 栈的顺序表示及实现

顺序栈即为在计算机中采用顺序存储结构实现的栈。利用计算机中一组地址连续的存储单元(足够长度的一维数组)依次存放自栈底到栈顶的数据元素。由于栈顶的位置随着插入元素及删除元素不断变化,我们必须设置一个位置指针 top(栈顶指针)来动态地指示栈顶元素在顺序栈中的位置。通常习惯以 top = 0 表示栈内无元素即为空栈,但由于 C 语言中数组的下标规定从 0 开始,这样的设定在利用 C 语言作为描述语言时,会有很大的不便,因此规定以 top = -1 表示空栈。当插入新的栈顶元素时,栈顶指针 top 向上移动一个位置;删除一个元素时,栈顶指针 top 向下移动一个位置。图 3.4 展示了顺序栈中数据元素与栈顶指针的关系。

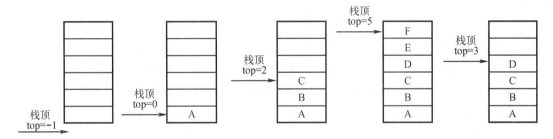

图 3.4 栈顶指针随栈中元素的变化

下面利用 C 语言给出顺序栈的实现如下:

```
#define MaxSize 100
typedef struct{
    int top,maxstack;
    StackElementType stack[MaxSize];
}SeqStack;
```

在上面定义的结构体类型顺序栈 SeqStack 中,top 为栈顶指针;maxstack 为栈中允许存在元素的最大个数,其应不大于整型常量 MaxSize,当栈中元素的个数为 maxstack 时称为栈满;StackElementType 为栈中元素的类型;一维数组 stack 用来存放栈中的元素,stack[0]表示栈底元素(进入栈中的第一个元素),stack[i]表示第 i 个进入栈中的元素,stack[top]表示栈顶元素,stack 实现了栈的顺序存储。栈的顺序存储结构如图 3.5 所示。

| stack[0] | | ...... | | top |

stack[0]　　　数组
　　　　　　stack[MaxSize]　　栈顶指针,整数
　　　　　　　　　　　　　　表示数组下标

图 3.5 栈的顺序存储结构

1. 栈的基本操作

下面给出顺序栈基本操作的实现及说明。

（1）栈的初始化

初始化时,将栈顶指针 top 置为 -1,表示当前栈无元素,创建一个空的顺序栈;将栈内存储最大元素的个数 maxstack 置为 maxsize。

```
void CreateStack(Stack * s,int maxsize){
    s -> top = -1;
    s -> maxstack = maxsize;
}
```

（2）进栈操作

在顺序栈内进行进栈操作时,首先判断栈内是否已满,若栈满则无法插入元素进行进栈操作,向用户返回溢出 Overflow;若栈未满则将栈顶符号向上移动一个位置,并将新元素放入当前栈顶位置。

```
void Push(Stack * s,T x){
    if(IsFull( * s))
        printf("Overflow");
    else
        s -> stack[ ++s -> top] = x;
}
```

（3）出栈操作

在进行出栈操作时,首先判断栈是否为空,若为空则无法弹出元素,向用户返回向下溢出 UnderFlow;若非空则只需将栈顶指针向下移动一个位置即可。

```
void Pop(Stack * s){
    if(IsEmpty( * s))
        printf("UnderFlow");
    else
        s -> top -- ;
}
```

（4）判断栈是否为空

当栈顶指针的位置为 -1(小于0)时,表示栈内无元素,栈为空栈。

```
Bool IsEmpty(Stack s){
    return s. top < 0;
}
```

（5）判断栈是否已满

当栈顶指针位置为栈内最大元素个数减 1(C 语言计数从 0 开始)时,栈为满栈。

```
Bool IsFull(Stack s){
    return s. top >= s. maxstack - 1;
}
```

（6）读取栈顶元素

该操作与出栈操作类似,首先应判断栈内是否存在元素(栈是否为空栈),在非空的情况下取出栈顶元素将其赋值给 x。

```
void StackTop( Stack s,T * x){
    if( IsEmpty( * s) )
        printf( "UnderFlow" ) ;
    else
        * x = s. stack[ s. top] ;
}
```

2. 多栈共享空间

在采用顺序存储结构实现栈的时候,需要事先对栈内允许存入元素的最大数目maxstack 进行赋值。但在通常情况下,对栈空间大小难以进行准确估计。在程序设计中出现一个程序中需要同时使用多个栈的情况时,如果使用顺序栈,因为对栈空间大小难以准确估计,从而产生有的栈溢出,而有的栈空间还有很多空闲的现象。为了解决上述问题,我们可以采取多栈共享空间技术,即让多个栈共享一个足够大的数组空间,通过利用栈的动态特性来使得其存储空间互相补充。

下面介绍一种多栈共享技术中,最常用的情况——两个栈的共享技术,即双端栈。双端栈的实现主要利用了栈"栈底位置不变,而栈顶位置动态变化的特性"。在双端栈中由于两个栈的栈顶位置是动态变化的,这样可以形成互补,使得双端栈中每个栈的可用最大空间与实际的需求有关,有效地提高了栈空间的利用效率。

下面给出双端栈的顺序结构的定义及实现。在双端栈中有两个栈共享一个数组S[0,…,MaxSize – 1],使第一个栈使用数组空间的前面部分,并使栈底在前;而使第二个栈使用数组空间的后面部分,并使栈底在后,这样实现了多栈共享空间。具体结构如图3.6所示。

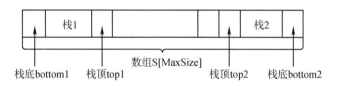

图3.6 两栈共享空间结构

两栈共享的数据结构定义如下:

```
#define maxsize 100
typedef struct {
    datatype data[ maxsize] ;
    int top1 ,top2 ;
}dstack ;
```

定义一维数组 data 用来存放双端栈中的元素,即为栈s1和栈s2的共享空间,s1从前往后放,s2从后往前放;定义两个指针top1和top2分别指向s1和s2的栈顶位置。

下面用 C 语言给出两栈共享的操作的表示及实现:

(1)初始化操作

创建一个空的两栈共享结构,定义两个栈顶指针top1和top2:一个放在共享空间的表头位置,元素从前向后放;一个放在共享空间的表尾位置,元素从后向前放置。

```
InitDstack ( dstack  * s ) {
s -> top1 = 0;
s -> top2 = maxsize - 1;
}
```

（2）进栈操作

把数据元素 x 压入栈 s 的左栈或右栈,首先判断共享栈空间是否已满,当左栈和右栈指向共享栈空间相同的位置时,栈已满;当栈未满时,根据参数 ch 的内容进行判断进入左栈还是右栈。判断后,在相应的栈进行入栈操作(插入数据、栈顶指针移动)。

```
PushDstack ( dstack * s, char ch, datatype x ) {
if ( s -> top1  -  s -> top2 == 1 )    return 0; //栈已满
if ( ch == 's1' ) {
            s -> data [ s -> top1 ] = x;
            s -> top1 = s -> top1 + 1;
return 1;
            }
If ( ch == 's2' ) {
s -> data [ s -> top2 ] = x;
s -> top2 = s -> top2 - 1;
return 1;
            }
}
```

（3）出栈操作

从共享栈的左栈或右栈,取出栈顶元素并返回其值。取出栈顶元素时,先判断取出栈顶元素的相应栈内是否为空,非空情况下,取出栈顶元素,并移动栈顶指针位置。

```
popdstack ( dstack  * s, char ch ) {
    if ( char = 's1' ) {
        if ( s -> top1 == 0 )
            return NULL;
        else {
            s -> top1 = s -> top1 - 1;
            return ( s -> data [ s -> top1 ] );
        }
    }
    if ( char = 's2' ) {
        if ( s -> top2 > maxsize - 1 )
            return NULL;
        else {
            s -> top2 = s -> top2 + 1;
            return ( s -> data [ s -> top2 ] );
        }
    }
}
```

3.2.2　队列的顺序表示及实现

与栈类似,当用一组连续的存储单元(一维数组)来存储一个队列的时候,我们就得到了顺序队列。在队列中只有在队头可以插入元素,在队尾删除元素。由于队头和队尾的特殊性,因此利用两个指针 front 和 rear 来指示队列的队头和队尾。在初始状态,我们设置 front 和 rear 两个指针的值均为 −1,表示队列中无元素,队列为空。队列的顺序存储结构如图 3.7 所示。

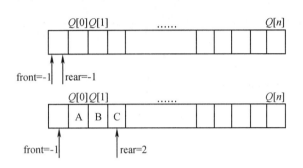

图 3.7　队列的顺序存储结构

1. 顺序队列的实现

下面利用 C 语言给出顺序队列的实现:

```
#define MaxSize 100
typedef struct{
    int front,rear,maxqueue;
    Queue ElementType queue[MaxSize];
}Queue;
```

在上面定义的顺序队列 Queue 结构体类型中,给出 front 和 rear 两个指针用来指示队列中队头和队尾的位置;maxqueue 用来表示在顺序队列中可以存储的最大元素的个数,其数目应不大于整型常量 MaxSize;一维数组 queue 用来存放顺序队列中的元素。

下面给出顺序队列相关操作在 C 语言中的实现。

(1)顺序队列的初始化

初始化时,创建一个空的顺序队列,将队头和队尾指针均置为 −1;将顺序队列中允许存储最多元素的个数 maxqueue 设置为 maxsize。

```
void CreateQueue( Queue  ∗ q, int maxsize){
    q −> front = q −> rear = − 1;
    q −> maxqueue = maxsize;
}
```

(2)进队列操作

在顺序队列内进行进队列操作时,首先判断顺序队列是否已满,若队列已满则无法插入元素进行进队列操作,向用户返回溢出 Overflow;若队列未满则队尾指针向后移动一个位置,并将新元素放入当前队尾位置。

```
void Append(Queue  * q,T x){
    if(IsFull( * q))
        printf("Overflow");
    else
        q -> queue[ ++q -> rear] = x;
}
```

（3）出队列操作

在进行出队列操作时，首先判断顺序队列内是否存在元素，若为空则无法弹出元素，向用户返回向下溢出 UnderFlow；若非空则只需将队列队头指针向后移动一个位置即可。

```
void Serve(Queue  * q){
    if(IsEmpty( * q))
        printf("UnderFlow");
    else
        q -> front ++ ;
}
```

（4）判断顺序队列是否为空

当顺序队列中队头指针和队尾指针的位置均为 -1 时，表示队列内无元素，栈为空队列。

```
Bool IsEmpty(Queue  * q){
    return q. front == q. rear;
}
```

（5）判断顺序队列是否已满

当队列中队头元素的位置为 0，而队尾元素的位置为 maxqueue -1 时，当前队列为满队列。

```
Bool IsFull(Queue  * q){
    return q. front ==0&&q. rear == q. maxqueue -1;
}
```

（6）打印队头元素

在打印队头元素时，首先应判断队列中是否存在元素，如存在则直接打印队头元素所指示位置的元素即可。

```
void QueueFront(Queues * q,T  * x){
    if(IsEmpty( * q))
        printf("UnderFlow");
    else
        * x = q. queue[ q. front];
}
```

2. 循环队列

在利用顺序存储结构实现队列的逻辑结构时，由于队列中队头位置和队尾位置都是动态变化的，因此需要利用头尾两个指针 front 和 rear 来表示队列中元素的存储情况。

初始化顺序队列时，令 front = rear =0，表示当前队列为空，无元素；

入队时,直接将新元素送入尾指针 rear 所指的单元,然后尾指针向后移动一个位置;

出队时,直接取出队头指针 front 所指的元素,然后头指针向后移动一个位置。

在非空顺序的队列中,队头指针始终指向当前的队头元素,而队尾指针始终指向真正队尾元素后面的位置。通常当 rear == MAXSIZE 时,我们认为队满,但此时不一定是真的队满,因为随着部分元素的出队,数组前面会出现一些空单元。由于只能在队尾入队,使得上述空单元无法使用。我们把这种现象称为假溢出,真正队满应满足 rear − front = MAXSIZE。

为了解决上述假溢出情况的出现,我们通常采用循环队列的方法,即将顺序队列的数组看成一个环状的空间,即规定最后一个单元的后继为第一个单元。队列的循环结构如图 3.8 所示。

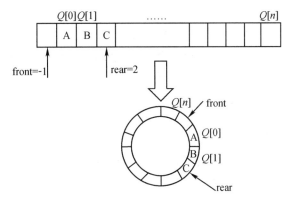

图 3.8　循环队列结构

在循环队列中,借助于取模(求余)运算,可以自动实现队尾指针、队头指针的循环变化。

进队操作时,队尾指针的变化是:rear = (rear + 1) mod MAXSIZE。

出队操作时,队头指针的变化是:front = (front + 1) mod MAXSIZE。

如图 3.9 所示,在循环队列中,一般情况下在非空循环队列中,队头指针始终指向当前的队头元素,而队尾指针始终指向真正队尾元素后面的单元。队头元素为 A,队尾元素为 C,之后 D,E,F 相继插入,此时队列空间均被占满,即 front = rear。在最右边的图中,循环队列中没有元素存在,此时也满足 front = rear。由此可见,只凭 front = rear 无法判别队列的状态是"空"还是"满"。对于这个问题,可有两种处理方法。

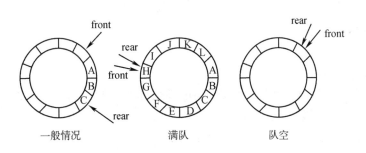

图 3.9　循环队列插入元素情况

一种方法是少用一个元素空间。当队尾指针所指向的空单元的后继单元是队头元素所在的单元时,则停止入队。这样一来,队尾指针永远追不上队头指针,所以队满时不会有 front = rear。现在队列"满"的条件则为 (rear + 1) mod MAXSIZE = front。判队空的条件不变,仍为 rear = front。

另一种方法是增设一个标志量,以区别队列是"空"还是"满"。

下面我们利用 C 语言给出循环队列的定义以及相关操作的实现。

```
#define MAXSIZE 100
typedef struct{
    Queue ElementType element[ MAXSIZE ];
    int front;
    int rear ;
} SeqQueue;
```

以上定义了循环队列 SeqQueue 的顺序结构的实现,一维数组 element 用来存放循环队列中的元素;定义 front 和 rear 两个指针用来指示循环队列头尾位置。下面给出循环队列在顺序存储结构下相应操作的实现。

(1)初始化循环队列

创建一个空的循环队列,定义一维数组 data 用来存放循环队列中的元素,最大长度为 maxsize;定义头尾指针 front 和 rear,并指向 -1 位置,表示当前循环队列中无元素。

```
InitQueue( q )
sequeue * q;{
datatype data[ maxsize ];
q -> front = - 1;
q -> rear = - 1;
}
```

(2)判断循环队列是否为空

当循环队列队头指针和队尾指针指向相同位置时,表示当前循环队列中无元素,返回为 1。

```
int QueueEmpty( q )
sequeue * q;{
if( q -> rear == q -> front )
return OK;
else
return NULL;
}
```

(3)取队头元素

首先判断循环队列中是否存在元素,在循环队列非空的情况下,返回头指针指向位置的下一位置的第一个元素。

```
datatype GetHead( q )
sequeue * q;{
if ( empty( q ) ){
```

```
print("sequeue is empty");
return NULL;
    }
else
    return (q -> front + 1)% maxsize;
}
```

（4）入队操作

在循环队列未满的情况下，将 x 元素插入循环队列中，尾指针向后移动一个位置。

```
InitQueue(q,x)
sequeue * q;
datatype x;{
if(q -> front == (q -> rear + 1)% maxsize){
print("queue is full");
return NULL;
    }
else{
q -> rear = (q -> rear + 1)% maxsize;
q -> data[q -> rear] = x;
    }
}
```

（5）出队操作

在循环队列非空的情况下，返回循环队列中头指针指向的第一个元素，同时头指针向后移动一个位置，指向循环队列中当前的第一个元素。

```
datatype DelQueue(q)
sequeue * q;{
if (empty(q))
    return NULL;
else{
    q -> front = (q -> front + 1)% maxsize;
    return(q -> data[q  -> front]);
    }
}
```

3.3 栈和对列的链式表示及实现

前面我们给出了栈和队列的顺序表示及实现，下面我们将在本小节中给出栈和队列在计算机中的另一种存储方式——链式存储结构的实现。在计算机中采用链式存储的栈称为链栈，与之相对应采用链式存储的队列称为链队列。

3.3.1 栈的链式表示及实现

链栈即在计算机中采用链式存储结构实现的栈,是一种采用动态存储结构的栈。在计算机中为了操作的便利,通常采用带头指针的单链表来实现链栈。与顺序栈结构类似,链栈也需要一个栈顶指针 top 来指示链栈中栈顶的位置,通常用链表的表头指针来表示链栈的栈顶指针。当栈顶指针指向的下一个元素的位置为空即 top→next = NULL 时,表示栈内无元素即为空栈。与顺序栈不同,链栈在定义时不必事先定义链栈存储最大元素的个数,只要系统有可用的空间,链栈就不会出现空间溢出的情况。栈的链式存储结构如图 3.10 所示。

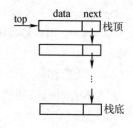

图 3.10 栈的链式存储结构

下面利用 C 语言给出如下链栈的实现:

```
typedef struct node{
    Stack ElementType data;
    struct node  * next;
}LinkStackNode;
typedef LinkStackNode  * LinkStack;
```

链栈采用带有头指针的单链表实现,首先给出单链表的每个结点的定义,结点结构体类型 node 包含两个成员,即当前存储的链表元素 data 和指向链栈后一个结点的指针 next。在给出链栈每个结点的定义后,定义一个指向单链表结点的头结点指针即可。

下面给出链栈基本操作的实现及说明。

1. 链栈的初始化

与顺序栈的初始化不同,链栈采用动态存储方式,不用事先定义链栈内最大存储元素的个数。定义链栈的头结点,首先为链栈的头结点分配一个存储空间,当分配成功时,将链栈头结点指针域设为空。

```
void CreateStack( LinkStack  * s){
    if(( * s = ( LinkStack)malloc( sizeof( LinkStackNode))) == NULL)
        exit( -1);
    ( * s) -> next = NULL;
}
```

2. 进栈操作

首先创建一个链栈结点,将要插入链栈的元素存入该结点的 data 成员之中。插入该结点后,该结点位于栈顶,故将栈顶指针的指针域指向该结点,将该结点的指针域指向原栈顶指针的指针域。

```
void Push( LinkStack s,T x){
    LinkStackNode  * temp;
    temp = ( LinkStack)malloc( sizeof( LinkStackNode));
    if( temp == NULL)
        printf( "false");
    temp -> data = x;
```

```
temp -> next = top -> next;
top -> next = temp;
}
```

3. 出栈操作

删除栈顶元素时,首先判断栈内是否存在元素(栈顶指针的指针域指向是否为空),非空时将栈顶的指针域指向当前栈顶指针的指针域的下一个。

```
void Pop(LinkStack s,T * x) {
    LinkStackNode * temp;
    temp = top -> next;
    if(temp == NULL)
        printf("false");
    top -> next = temp -> next;
    * x = temp -> data;
    free(temp);
}
```

4. 判断链栈是否为空

当栈顶指针的指针域指向为空时栈内无元素,即当前链栈为空栈。

```
int IsEmpty(LinkStack s) {
    if(s -> next == NULL)
        return 1;
    else
        return 0;
}
```

5. 打印栈顶元素

打印前需判断链栈是否为空,非空时找到栈顶指针指向的元素,打印其元素的 data 内容。

```
void StackTop(LinkStack s,T * x) {
    if(IsEmpty(s))
        printf("Stack is empty");
    else
        * x = s -> next -> data;
}
```

3.3.2　队列的链式表示及实现

除了顺序存储外,队列在计算机中还可以采取链式存储的方式。链队列与链栈的实现类似,均采用一个带头结点的链表实现。由于队列操作的特殊性,我们设置指针 front 和 rear 分别指示队列中队头和队尾的位置。当队头指针和队尾指针均指向链表的头结点时,表示当前链队列中无元素,为空队列。队列的链式存储结构如图 3.11 所示。

下面利用 C 语言给出如下链队列的实现。

```
typedef struct node{
    datatype data;
    struct node * next;
}linklist;
typedef struct{
    linklist * front, * rear;
}linkqueue;
linkqueue * q;
```

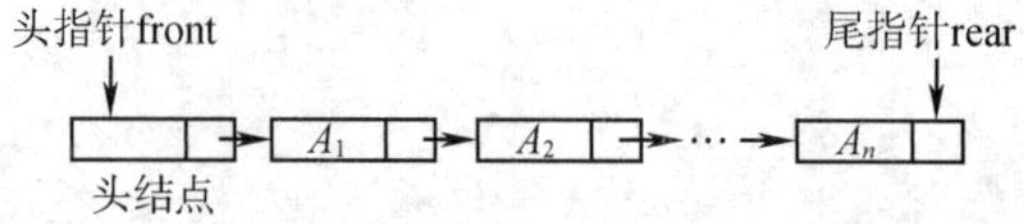

图 3.11　队列的链式存储结构

采用 C 语言实现链队列时,首先定义链队列中的每个结点 node;数据成员 data,用于存放链队列中的数据元素;指针域成员 next,用来指向链队列中当前结点的下一个结点的位置。在链队列中定义队头指针和队尾指针即可唯一地确定一个队列。

下面我们给出链队列相关操作在 C 语言中的实现。

1. 链队列初始化

与链栈相类似,链队列也是一种动态存储结构,在实现时不需要事先定义链队列的长度。定义链队列,即定义它的队头指针和队尾指针,若指向相同的位置,表示定义一个空链队列。

```
void CreateQueue(LinkQueue * q){
    q -> front = (linklist * )malloc(sizeof(linklist));
    q -> front -> next = NULL;
    q -> rear = q -> front;
}
```

2. 入队列操作

即在链队列队尾插入一个元素,首先创建一个链队列结点,然后将现在的队尾指针结点修改为新插入的结点,然后将相应元素放入结点中,队尾指针向后移动一个位置。

```
void Append(linkqueue * q,T x){
    q -> rear -> next = (linklist * )malloc(sizeof(linklist));
    q -> rear -> data = x;
    q -> rear = q -> rear -> next;
    q -> rear -> next == NULL;
}
```

3. 出队列操作

进行出队列操作时,首先判断当前链队列中是否存在元素,存在则返回当前头结点中数据元素的值,并将链队列的队头指针向后移动一个位置。

```
void Serve(linkqueue * q,T * x){
    linklist * s;
    if(IsEmpty(q))
```

```
            printf("linklist is empty");
        else
            s = (linklist *) malloc(sizeof(linklist));
            s = q -> front -> next;
            q -> front = q -> front -> next;
            *x = s -> data;
            free(s);
}
```

4. 判断链队列是否为空

当链队列的队头指针和队尾指针位于相同位置时,表示当前链队列为空链队列。

```
int IsEmpty(linkqueue *q){
    if(q -> front == q -> rear)
        return 1;
    else
        return 0;
}
```

5. 打印队头元素

当前链队列非空时,找到队头指针指向的队头元素,打印其数据 data 的内容。

```
void QueueFront(linklist *q, T *x){
    if(IsEmpty(q))
        printf("linklist is empty");
    else
        *x = q -> front -> next -> data;
}
```

3.4 栈和队列的应用举例

3.4.1 栈应用举例

1. 数制转换

数制转换问题,是指将各种进制的数字进行相互转换的问题。此处为了编写程序的便利,我们只介绍十进制数向其他进制数的转换。

假设要将十进制数 N 转换为 d 进制数,一个简单的转换算法是重复下述两步,直到 N 等于零:

$X = N \bmod d$(其中 mod 为求余运算)

$N = N \operatorname{div} d$(其中 div 为整除运算)

下面我们给出一个将十进制数转换为八进制数的例子:

$$(58)_{10} = (72)_8$$
$$58/8 = 7 \text{ 余数为 } 2$$

$$7/8 = 0 \text{ 余数为 } 7$$

输出结果为:72

通过上面的例子,我们可以看出,在数制转换的过程中求得的余数应采用倒序,即在写出结果时先将求得的余数最后写出,最后求出的余数放在输出结果中最先写出,符合栈后入先出的性质,故可采用栈来实现数制转换。

下面是利用栈实现数制转换的算法实现:该算法输入非负的十进制整数,输出为等值的八进制数。利用上面讲解的内容,每次算出的余数存入栈 S 内,最后转换结束,输出栈内元素,即可求得结果。

```
void conversion( ) {
    Linkstack S;
    node e;
    int n;
    Init Stack(&S);
    scanf("%d",&n);
    Push(S,0);
    while(n) {
        Push(S,n%8);
        n = n/8;
    }
        printf("the result is: ",n);
        while(! StackEmpty(*S)) {
        Pop(S,&e);
        printf("%d",e);
    }
}
```

2. 表达式求值

表达式求值是高级语言编译中的一个基本问题,是栈典型应用的实例。任何一个表达式都是由运算对象、运算符和界限符组成的。运算对象既可以是常数也可以是被说明的变量或常量的标识符;运算符可以分为算术运算符、关系运算符和逻辑运算符三类;界限符包括括号和表达式结束符等。

由于某些运算符可能比其他运算符具有更高的优先级,因此表达式不可能严格地从左到右运行。运算符优先级如表 3.1 所示。

表 3.1　运算符优先级

	+	−	*	/	(	)	$
+	>	>	<	<	<	>	>
−	>	>	<	<	<	>	>
*	>	>	>	>	<	>	>
/	>	>	>	>	<	>	>
(	<	<	<	<	<	=	Error
)	>	>	>	>	Error	>	>
$	<	<	<	<	<	Error	=

为了正确地处理表达式,使用栈来实现正确的指令序列是一个重要的技术。下面给出利用栈实现表达式求值的基本思想。

设置工作栈:StackR 用于寄存运算符;StackD 用于寄存运算对象或运算结果。

算法思想:

(1)置 StackD 为空栈,起始符"$"为运算符栈的栈底元素;

(2)依次读入表达式中每个字符,若是运算对象则进 StackD 栈,若是运算符则和 StackR 栈的栈顶运算符比较优先权,若优先级高于栈顶元素则进栈,否则输出栈顶元素;

(3)从 StackD 中相应地输出两个运算对象作相应运算;

(4)与 StackR 中的栈顶元素进行优先级比较,以此类推,直至整个表达式求值完毕。

具体实现方法如下:采用上述算法的思想,在进行表达式求值的过程中,调用函数 Proceed 和 Operate。Proceed 函数是判定运算符栈的栈顶运算符 R_1 和读入的运算符 R_2 之间的优先关系的函数。R_1 和 R_2 的优先级关系,分为三种情况:当为" < "时,栈顶元素优先;当为" > "时,退栈并将计算结果写入栈内;当为" = "时,去掉括号并接受下一个字符。Operate 函数为进行二元运算的函数,如果是编译表达式,则产生这个运算的一组指令并返回存放结果的中间变量名;如果是解释表达式,则直接进行该运算,并返回运算结果。

```
EvalExpres( ){
Init Stack(StackR);
Push(StackR,'$');
Init Stack(StackD);
c = getc( );
while(c! = '$' || GetTop(c,op)){
if( !In(c,OP)){
        Push(StackR,c);
        c = getchar( );
    }
    else
        switch( Proceed( GetTop( StackR ),c)){
        case '<':
            Push(StackR,c);
            c = getchar( );
            break;
        case '=':
            Pop(StackR,x);
            c = getchar( );
            break;
        case '>':
            Pop(StackR,R);
            Pop(StackD,b);
    Pop(StackD,a);
    Push(StackD,Operate(a,R,b));
```

```
            break;
        }
    }
    return GetTop(StackD);
}
```

3. 栈与递归的实现

在程序设计中,当执行函数调用时,可利用栈来实现对调用时缓存现场的保存。递归问题是一种特殊的函数调用形式,即在定义自身的同时又出现了对自身的调用。由于其具有对问题描述简洁、结构清晰、程序的正确性容易证明的优点,在程序设计中有着广泛的用途。

递归函数主要包括两种:

(1)直接递归函数:一个函数在其定义体内直接调用自己。

(2)间接递归函数:一个函数经过一系列的中间调用语句,通过其他函数间接调用自己。

在确定使用递归算法时,有两个前提:

(1)原问题可以通过层层分解,分解为与之类似且规模更小的子问题;

(2)规模最小的子问题具有直接解。

下面我们介绍一个利用递归函数进行问题求解的例子。n 阶 Hanoi 塔问题是一个利用递归求解的典型应用。问题描述如下:假设有三个分别命名为 X、Y 和 Z 的塔座,在塔座 X 上插有 n 个直径大小各不相同且从小到大编号为 $1, 2, \cdots, n$ 的圆盘。现要求将塔座 X 上的 n 个圆盘移至塔座 Z 上,并仍按同样顺序叠排。

圆盘移动时必须遵循下列规则:

(1)每次只能移动一个圆盘;

(2)圆盘可以插在 X、Y 和 Z 中的任何一个塔座上;

(3)任何时刻都不能将较大的圆盘压在较小的圆盘之上。

在解决该问题时,我们利用递归函数作为算法的基本思想。当 $n=1$ 时,问题比较简单,只要将编号为 1 的圆盘从塔座 X 直接移动到塔座 Z 上即可;当 $n>1$ 时,需利用塔座 Y 作辅助塔座,若能设法将压在编号为 n 的圆盘上的 $n-1$ 个圆盘从塔座 X(依照上述原则)移至塔座 Y 上,则可先将编号为 n 的圆盘从塔座 X 移至塔座 Z 上,然后再将塔座 Y 上的 $n-1$ 个圆盘(依照上述原则)移至塔座 Z 上。而如何将 $n-1$ 个圆盘从一个塔座移至另一个塔座是一个和原问题具有相同特征属性的问题,只是问题的规模小于1,因此可以用同样方法求解。

下面我们给出求解 n 阶 Hanoi 塔问题的递归算法:将塔座 X 上的圆盘从上到下编号为 1 至 n,且将 n 个圆盘按直径由小到大叠放,按规则搬到塔座 Z 上,Y 用作辅助塔座。

```
void hanoi(int n, char x, char y, char z){
    if(n ==1)
        move(x,1,z);
    else{
        hanoi(n-1,x,z,y);
        move(x,n,z);
        hanoi(n-1, y,x ,z);
```

        }

}

3.4.2 队列应用举例

1.杨辉三角

打印杨辉三角问题是队列的典型应用。杨辉三角形的特点是两个腰上的数字都为 1,其他位置上的数字是其上一行中与之相邻的两个整数之和。在打印杨辉三角的过程中,第 i 行上的元素的值要由第 $i-1$ 行中的元素的值来求得。求解该问题可以利用循环队列实现打印杨辉三角形的过程。从第一行开始,依次将每一个元素插入循环队列中,然后依次出队并打印,依据第一行生成第二行元素,依此类推,如图 3.12 所示。

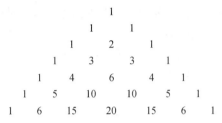

图 3.12 杨辉三角

下面以用第 6 行元素生成第 7 行元素为例,说明具体过程。

(1)第 7 行的第一个元素 1 入队。

element[rear] = 1;rear = (rear + 1)% MAXSIZE;

(2)循环做以下操作,产生第 7 行的中间 5 个元素并入队。

element[rear] = element[front] + element[(front +1)% MAXSIZE];

rear = (rear + 1)% MAXSIZE; front = (front +1)% MAXSIZE;

(3)第 6 行的最后一个元素 1 出队。

front = (front +1)% MAXSIZE;

(4)第 7 行的最后一个元素 1 入队。

element element[rear] = 1; rear = (rear + 1)% MAXSIZE;

打印杨辉三角形的前 n 行元素算法:先将第一行元素入队,利用循环产生第 n 行元素并入队,同时打印第 $n-1$ 行的元素。

```
void YangHuiTriangle( ){
    SeqQueue Q; InitQueue(&Q);
EnterQueue(&Q,1);
for( n = 2;n <= N;n ++ ){
     EnterQueue(&Q,1);
for( i = 1;i <= n - 2;i ++ ){
     DeleteQueue(&Q,&temp);
     printf("% d",temp);
     GetHead(Q, &x);
     temp = temp + x;
```

```
        EnterQueue(&Q,temp);
        }
    DeleteQueue(&Q,&x);
    printf("%d",x);
    EnterQueue(&Q,1);
    }
}
```

2.解决设备速度不匹配问题

队列在解决速度不匹配问题上,也有着广泛的应用。通常在内存中设置一缓冲区,并设计成循环队列结构来解决设备速度不匹配问题。具体流程如下:

(1)循环队列结构中设置一队首指针和一队尾指针,初始时循环队列为空;

(2)计算机每处理完一批数据就将其加入到循环队列的队尾;

(3)打印机每处理完一个数据,就从循环队列的队首取出下一个要打印的数据,打印机来不及打印的数据就在缓冲区中排队等待。

利用队列缓冲区,解决了计算机处理数据与打印机输出速度不匹配的矛盾。

3.5　本　章　小　结

栈和队列都属线性结构,因此它们的存储结构和线性表非常类似,同时由于它们的基本操作要比线性表简单得多,因此它们在相应的存储结构中实现的算法都比较简单。栈只能在栈顶插入和删除元素,具有"后进先出"的特性;队列只能在队头删除元素,在队尾插入元素,具有先进先出特性。这两种基本的数据结构,在计算机中均有两种存储方式——顺序存储和链式存储。在采用顺序存储时,需事先定义顺序栈和顺序队列能够存储最大元素的个数,在操作的过程中可能会出现向上溢出的现象;而采用链式存储,不需要事先定义链栈和链队列的最大存储长度,是一种动态的数据结构,当系统还有可用空间时,即可创建新的连接点,插入到当前的链栈或链队列中。多栈共享技术可以有效地提高栈内空间的利用效率。循环队列是一种顺序队列,通过模运算将其看成一个首尾相接的环。求队列的长度是模运算算式。为区分队列的空和满,有两种典型的解决方法:一种是损失一个空间的方法;另一种是设置标志位的方法。

这一章的重点在于栈和队列的应用,通过本章所举的例子学习分析应用问题的特点,在算法中适时应用栈和队列。

【例题精解】

例　设 m,n 均为正整数,指出如下递归函数的功能,并将其改写,要求执行时间尽可能短。

```
int fun(int m,int n){
int r;
if(n>m)
    return(fun(n,m));
elseif(n==0)
```

```
            return(m);
    else{
        r = m% n;return(fun(n,r));
                }
    }
```

解析:该算法要求第一个参数大于第二个参数,否则将换位。首先求出 m 除以 n 的余数 r,然后让 n 作第一个参数,让 r 作第二个参数,重复上述过程。这是辗转相除法的过程,该函数的功能是求 m 和 n 的最大公约数。

改写思路:要对上述最大公约数的递归函数进行改写,使执行时间尽可能短,关键要将递归变为非递归,对求最大公约数的辗转相除法可以转化成迭代的直线型循环实现。

本题代码:

```
int fun(int m,int n){
        int r;
do{
        r = m% n;
        m = n;
        n = r;
        }while(r! = 0);
return(m);
    }
```

练　习

3.1　什么是栈?

3.2　什么是循环队列?

3.3　怎样判定循环队列的空和满?

3.4　简要叙述循环队列的数据结构,并写出其初始状态、队列空、队列满时的队首指针与队尾指针的值。

3.5　对于栈操作数据的原则是(　　　)。

A. 先进先出　　　　　B. 后进先出　　　　　C. 后进后出　　　　　D. 不分顺序

3.6　若已知一个栈的入栈序列是 $1,2,3,\cdots,n$,其输出序列为 $p_1,p_2,\cdots,p_n$,若 p_n 是 n,则 p_i 是(　　　)。

A. i　　　　　　　B. n − i　　　　　　　C. n − i + 1　　　　　D. 不确定

3.7　有六个元素以 6,5,4,3,2,1 的顺序进栈,问下列哪一个不是合法的出栈序列? (　　　)

A. 5 4 3 6 1 2　　　B. 4 5 3 1 2 6　　　C. 3 4 6 5 2 1　　　D. 2 3 4 1 5 6

3.8　若一个栈以向量 $V[1,\cdots,n]$ 存储,初始栈顶指针 top 为 $n + 1$,则下面 x 进栈的正确操作是(　　　)。

A. top: = top + 1;V[top]: = x　　　　　　B. V[top]: = x; top: = top + 1

C. top: = top − 1;V[top]: = x　　　　　　D. V[top]: = x; top: = top − 1

3.9 假设以数组 $A[m]$ 存放循环队列的元素,其头尾指针分别为 front 和 rear,则当前队列中的元素个数为(   )。

A.（rear – front + m）% m   B. rear – front + 1

C.（front – rear + m）% m   D.（rear – front）% m

3.10 若用一个大小为 6 的数组来实现循环队列,且当前 rear 和 front 的值分别为 0 和 3,当从队列中删除一个元素,再加入两个元素后,rear 和 front 的值分别为多少?(   )

A. 1 和 5   B. 2 和 4   C. 4 和 2   D. 5 和 1

3.11 假设以 S 和 X 分别表示入栈和出栈操作,则对初态和终态均为空的栈操作可由 S 和 X 组成的序列表示(如 SXSX)。

(1)试指出判别给定序列是否合法的一般规则。

(2)两个不同合法序列(对同一输入序列)能否得到相同的输出元素序列? 如能得到,请举例说明。

3.12 设输入序列为 a,b,c,d,试写出借助一个栈可得到的两个输出序列和两个不能得到的输出序列。

3.13 利用两个栈 s1,s2 模拟一个队列时,如何用栈的运算实现队列的插入、删除以及判队空运算。请简述这些运算的算法思想。

3.14 一个循环队列的数据结构描述如下:

TYPE sequeuetp = RECORD

elem：ARRAY[1..MAXSIZE] OF elemtp;

front,rear：0..MAXSIZE;

END;

给出循环队列的队空和队满的判断条件,并且分析一下该条件对队列实际存储空间大小的影响,如果为了不损失存储空间,如何改进循环队列的队空和队满的判断条件?

3.15 设计一个算法,判断一个算术表达式中的括号是否配对。算术表达式保存在带头结点的单循环链表中,每个结点有两个域,即 ch 和 link,其中 ch 域为字符类型。

3.16 请利用两个栈 S1 和 S2 来模拟一个队列。已知栈的三个运算定义如下:PUSH(ST,x)——元素 x 入 ST 栈;POP(ST,x)——ST 栈顶元素出栈,赋给变量 x;Sempty(ST)——判 ST 栈是否为空。那么如何利用栈的运算来实现该队列的三个运算:enqueue——插入一个元素入队列;dequeue——删除一个元素出队列;queue_empty——判队列为空。(请写明算法的思想及必要的注释)

习题选解

3.5 B

3.7 C

3.11 (1)通常有两条规则:第一是给定序列中 S 的个数和 X 的个数相等;第二是从给定序列开始,到给定序列中的任一位置,S 的个数要大于或等于 X 的个数。

(2)可以得到相同的输出元素序列。例如,输入元素为 A,B,C,则两个输入的合法序列 ABC 和 BAC 均可得到输出元素序列 ABC。对于合法序列 ABC,我们使用本题约定的 SXSXSX 操作序列;对于合法序列 BAC,我们使用 SSXXSX 操作序列。

3.13 栈的特点是后进先出,队列的特点是先进先出。初始时设栈 s1 和栈 s2 均为空。

（1）用栈 s1 和 s2 模拟一个队列的输入：设 s1 和 s2 容量相等，分以下三种情况讨论：若 s1 未满，则元素入 s1 栈；若 s1 满，s2 空，则将 s1 全部元素退栈压入 s2 中，之后元素入 s1 栈；若 s1 满，s2 不空（已有出队列元素），则不能入队。

（2）用栈 s1 和 s2 模拟队列出队（删除）：若栈 s2 不空，退栈，即队列的出队；若 s2 为空且 s1 不空，则将 s1 栈中全部元素退栈，并依次压入 s2 中，s2 栈顶元素退栈，这就相当于队列的出队；若栈 s1 为空并且 s2 也为空，队列空，不能出队。

（3）判队空：若栈 s1 为空并且 s2 也为空，才是队列空。

讨论：s1 和 s2 容量之和是队列的最大容量。其操作是，s1 栈满后，全部退栈并压栈入 s2（设 s1 和 s2 容量相等），再入栈 s1 直至 s1 满。这相当于队列元素"入队"完毕。出队时，s2 退栈完毕后，s1 栈中元素依次退栈到 s2，s2 退栈完毕，相当于队列中全部元素出队。

在栈 s2 不空情况下，若要求入队操作，只要 s1 不满，就可压入 s1 中。当 s1 满和 s2 不空状态下要求队列入队时，按出错处理。

3.16 题目分析：栈的特点是后进先出，队列的特点是先进先出。所以，用两个栈 s1 和 s2 模拟一个队列时，s1 作输入栈，逐个元素压栈，以此模拟队列元素的入队。当需要出队时，将栈 s1 退栈并逐个压入栈 s2 中，s1 中最先入栈的元素，在 s2 中处于栈顶。s2 退栈，相当于队列的出队，实现了先进先出。显然，只有栈 s2 为空且 s1 也为空，才算是队列空。

```
（1）int enqueue(stack s1,elemtp x){
    if( top1 == n&& ! Sempty(s2)){
        printf("栈满");return(0);
    }
    if( top1 == n&&Sempty(s2)){
        while(!Sempty(s1)) {POP(s1,x);PUSH(s2,x);
    }
     PUSH(s1,x); return(1);
    }
（2）void dequeue(stack s2,s1){
    if(!Sempty(s2)){
        POP(s2,x);
        printf("出队元素为",x);
    }
elseif(Sempty (s1)){
        printf("队列空");exit(0);
    }
    else{
        while(!Sempty(s1)){
POP(s1,x);PUSH(s2,x);
    }
    POP(s2,x);
    printf("出队元素",x);
}
```

```
        }
(3) int queue_empty( ) {
    if( Sempty( s1 )&&Sempty( s2 ) )
            return( 1 ) ;
else
            return( 0 ) ;
    }
```

算法中假定栈 s1 和栈 s2 容量相同。出队从栈 s2 出,当 s2 为空时,若 s1 不空,则将 s1 压入 s2 再出栈。入队在 s1,当 s1 满后,若 s2 空,则将 s1 压入 s2,之后再入队。因此队列的容量为两栈容量之和。元素从栈 s1 压入 s2,必须在 s2 空的情况下才能进行,即要求出队操作时,若 s2 空,则不论 s1 元素多少(只要不空)都要全部压入 s2 中。

第4章 数组和广义表

在上一章讲解了两种操作受限的线性数据结构,即栈和队列。本章将讲解两种新的数据结构,即数组和广义表。数组与广义表的特殊性不像栈与队列那样反映在对数据元素的操作受限方面,而是反映在数据元素的构成上,可以看成是一种扩展的线性数据结构。

前面介绍的线性表、栈和队列这几种线性数据结构都属于非结构的原子类型,在原子类型的数据结构中,数据元素的值不可再分解。而本章介绍的数组与广义表从线性表的组成元素角度看,数组可看成是由具有某种结构的数据构成的,而广义表则是由一些单个元素或者子表构成的。因此数组和广义表中的数据元素既可以是单个元素,也可以是一个线性结构。从这个意义上讲,数组和广义表是线性表的扩充。

本章先介绍数组和广义表的定义及基本操作的实现,然后介绍数组的顺序存储结构及广义表的链式存储结构。最后在本章的末尾给出了在程序设计中广泛应用的特殊矩阵的压缩存储及稀疏矩阵的存储方法。

4.1 数组和广义表的逻辑结构

4.1.1 数组的逻辑结构

数组是一种由相同类型的数据元素组成的有限线性序列。从逻辑结构上看,数组可以看成是一般线性表的扩充。数组也可以看成是一种特殊的线性表,即线性表中数据元素本身也是一个线性表。一维数组与线性表等价;二维数组相当于由一维数组作为基本数据元素组成的线性表;三维数组相当于由二维数组作为基本数据元素组成的线性表;依此类推,n 维数组相当于由 $n-1$ 维数组作为基本数据元素组成的线性表。数组由于其数据元素关系的线性连续排列,一般存储在地址连续的内存单元之中,即采用顺序存储。下面给出一个二维数组的例子,如图 4.1 所示。

$$\begin{bmatrix} a_{11} & a_{12} & \cdots & a_{1n} \\ a_{21} & a_{22} & \cdots & a_{2n} \\ \vdots & \vdots & \cdots & \vdots \\ a_{m1} & a_{m2} & \cdots & a_{mn} \end{bmatrix}$$

图 4.1 二维数组

上述二维数组 $A_{m \times n}$ 我们可以看成由一维数组作为基本元素的线性表,其线性表的表示有两种方式,具体如下所示:

(1)$A = (a_1, a_2, \cdots, a_i, \cdots, a_m)$,其中 $a_i (1 \le i \le m)$ 本身也是一个线性表(一维数组),a_i 称

为行向量,其中$\boldsymbol{a}_i = (a_{i1}, a_{i2}, \cdots, a_{in})$;

(2)$\boldsymbol{B} = (\boldsymbol{b}_1, \boldsymbol{b}_2, \cdots, \boldsymbol{b}_j, \cdots, \boldsymbol{b}_n)$,其中$\boldsymbol{b}_j(1 \leqslant j \leqslant n)$本身也是一个线性表(一维数组),$\boldsymbol{b}_j$称为列向量,其中$\boldsymbol{b}_j = (b_{1j}, b_{2j}, \cdots, b_{mj})$。

通过上面二维数组的例子,我们可以看出数组具有"固定个数的数据元素的特性"。数组实际上是一个有固定个数的数据元素的集合。因此,在数组的操作中,可以在表中任意一个合法的位置插入或删除一个元素。

通过归纳上述内容,我们可以得出数组具有以下性质:

(1)数组中的数据元素的数目是固定的,一旦定义了数组,它的维数和维界就不能再改变,只能对数组进行存取元素和修改元素值的操作;

(2)数组是由一组相同类型数据元素组成的拓展线性数据结构;

(3)数组中的每一个数据元素都和一组唯一的下标值对应;

(4)数组是一种随机存储结构,可根据元素的下标随机存取数组中的任意数据元素。

由于数组的数据元素的数目在数组定义后通常无法改变,因此对于数组的操作一般只有两类:

(1)获得特定位置的数据元素值;

(2)修改特定位置的数据元素值。

下面我们给出数组逻辑结构的定义:

数据对象:$D = \{a_{j_1 \cdots j_i \cdots j_n}\}$,其中$n > 0$,称为数组的维数,$j_i$是数组的第$i$维下标,$1 \leqslant j_i \leqslant b_i$,$b_i$为数组第$i$维的长度,$a_{j_1 \cdots j_i \cdots j_n} \in \text{ElementSet}$。

数据关系:$R = \{R_1, R_2, \cdots, R_n\}$。

$R_i = \{ < a_{j_1 \cdots j_i \cdots j_n}, a_{j_1 \cdots j_i + 1 \cdots j_n} > \}$,其中$1 \leqslant j_k \leqslant b_k$,$1 \leqslant k \leqslant n$,$k \neq i$且有$1 \leqslant j_i \leqslant b_{i-1}$,$a_{j_1 \cdots j_i \cdots j_n}, a_{j_1 \cdots j_i \cdots j_n} \in D$,$i = 1, \cdots, n$。

数组的基本操作如下:

(1)初始化数组

$\text{InitArray}(a, n, c_1, c_2, \cdots c_n)$

操作结果:构造n维数组a,每一维的长度为$c_1, c_2, \cdots, c_n$。

(2)获取数组中元素的值

$\text{Value}(a, b, c_1, \cdots, c_n)$

操作结果:用b返回数组a对应下标$c_1, \cdots, c_n$的值。

(3)修改数组中元素的值

$\text{Assign}(a, b, c_1, \cdots, c_n)$

操作结果:修改数组a指定下标$c_1, \cdots, c_n$的元素的值为b。

4.1.2 广义表的逻辑结构

广义表可以看成是一种特殊的数组表示,是对数组的一种扩充。广义表作为一种基本的数据结构,被广泛应用于人工智能等领域。广义表是由n个数据元素$(d_1, d_2, \cdots, d_n)$构成的有限序列,但广义表与数组不同的是,广义表中的数据元素d_i既可以是单个元素,也可以是一个广义表。通常情况下广义表可以被记作:$GL = (d_1, d_2, \cdots, d_n)$。GL是广义表的名字,通常用大写字母表示;$n$是广义表的长度。若$d_i$是一个广义表,则称$d_i$是广义表GL的子表。在广义表GL中,$d_1$是GL的表头,其余部分组成的表$(d_2, d_3, \cdots, d_n)$称为GL的表尾。

由于在广义表的定义中使用了广义表的概念,因此广义表的定义是递归定义的。

下面我们给出一些广义表的例子,加深读者对广义表的理解与掌握。

例如:

$D = ( )$ 空表:其长度为零。

$A = (a,(b,c))$ 表:长度为 2 的广义表,其中第一个元素是单个数据 a,第二个元素是一个子表 (b,c)。

$B = (A,A,D)$ 表:长度为 3 的广义表,其前两个元素为表 A,第三个元素为空表 D。

$C = (a,C)$ 表:长度为 2 递归定义的广义表,那么 C 相当于一个无穷表 $C = (a,(a,(a,(\cdots))))$。

$\text{head}(A) = a$ 表:A 的表头是 a。

$\text{tail}(A) = ((b,c))$ 表:A 的表尾是 $((b,c))$,广义表的表尾一定是一个表。

从上面的例子我们可以看出广义表具有以下性质:

(1)广义表的元素可以是子表,而子表还可以是子表,由此,广义表是一个多层的结构。

(2)广义表可以被其他广义表共享,如广义表 B 就共享表 A。在表 B 中不必列出表 A 的内容,只要通过子表的名称就可以引用该表。

(3)广义表具有递归性,如广义表 C。

4.2 数组和广义表的顺序表示及实现

数组是一种特殊的数据结构,具有有序性和数据元素个数固定性,即数组中的每一个元素是有序的,并且元素之间的次序是不能改变的;数组中元素的个数随着数组的定义确定,数组定义后,数组中数据元素的个数不可以改变。对于数组 A,一旦给定其维数 n 及各维长度 $b_i (1 \leq i \leq n)$,则该数组中元素的个数是固定的,不可以对数组进行插入和删除操作,不涉及移动元素操作,因此对于数组而言,采用顺序存储法比较合适。

数组的顺序存储是将数组元素顺序地存放在一片连续的存储单元中。对于一维数组,在采用顺序存储时,直接用计算机中内存储器(结构是一维的)直接存储即可。但对于多维数组,在利用一维的内存进行存储时,就必须按某种策略将多维数组排成一个线性序列,然后将这个线性序列存放在一维的内存存储器中。在数组的顺序存储结构中,数组中数据元素的存取是随机的,也就是说存取数组中的任一元素的时间是相等的,只要给出某个元素的地址,便可以访问该元素。下面介绍如何确定数组中元素的地址。

在计算机中数组的顺序存储结构分为两种方式:一种是按行序存储,如高级语言 BASIC、COBOL 和 PASCAL 语言都是以行序为主;另一种是按列序存储,如高级语言中的 FORTRAN 语言就是以列序为主。对于本书采用的 C 语言,数组一般采用按行存储的方式。下面我们给出一个例子,来了解数组的两种顺序存储方式。

对于二维数组 $A_{m \times n}$:

以行为主的存储序列为

$a_{11}, a_{12}, a_{13}, \cdots, a_{1n}, a_{21}, a_{22}, a_{23}, \cdots, a_{2n}, \cdots, a_{m1}, a_{m2}, a_{m3}, \cdots, a_{mn}$

以列为主的存储序列为

$a_{11}, a_{21}, a_{31}, \cdots, a_{m1}, a_{12}, a_{22}, a_{32}, \cdots, a_{m2}, \cdots, a_{1n}, a_{2n}, a_{3n}, \cdots, a_{mn}$

下面我们给出两种顺序存储方式,数组中数据元素地址的具体计算方式如下。

以二维数组$A_{m \times n}$为例,假设每个元素只占一个存储单元,"以行为主"的顺序存储结构存放数组,下标从 1 开始,首元素a_{11}的存放地址为$Loc[1,1]$求任意元素a_{ij}的地址,可由如下计算公式得到:

$$Loc[i,j] = Loc[1,1] + n \times (i - 1) + (j - 1)$$

如果每个元素占 size 个存储单元,则任意元素a_{ij}的地址计算公式为

$$Loc[i,j] = Loc[1,1] + (n \times (i - 1) + j - 1) \times size$$

对于三维数组,假定每个元素占一个存储单元,采用以行为主序的方法存放,首元素a_{111}的地址为$Loc[1,1,1]$,a_{i11}的地址为$Loc[i,1,1] = Loc[1,1,1] + (i - 1) \times m \times n$,那么求任意元素$a_{ijk}$的地址计算公式为

$$Loc[i,j,k] = Loc[1,1,1] + (i - 1) \times m \times n + (j - 1) \times n + (k - 1)$$

其中,$1 \leqslant i \leqslant r, 1 \leqslant j \leqslant m, 1 \leqslant k \leqslant n$。

如果将三维数组推广到一般情况,即用j_1, j_2, j_3代替数组下标i, j, k;并且j_1, j_2, j_3的下限为c_1, c_2, c_3,上限分别为d_1, d_2, d_3,每个元素占一个存储单元,则三维数组中任意元素$a(j_1, j_2, j_3)$的地址为

$$Loc[j_1, j_2, j_3] = Loc[c_1, c_2, c_3] + 1 \times (d_2 - c_2 + 1) \times (d_3 - c_3 + 1) \times (j_1 - c_1) +$$
$$1 \times (d_3 - c_3 + 1) \times (j_2 - c_2) + 1 \times (j_3 - c_3)$$

其中,l 为每个元素所占存储单元数。

令$\alpha_1 = 1 \times (d_2 - c_2 + 1) \times (d_3 - c_3 + 1), a_2 = 1 \times (d_3 - c_3 + 1), a_3 = 1$,则

$$Loc[j_1, j_2, j_3] = Loc[c_1, c_2, c_3] + a_1 \times (j_1 - c_1) + a_2 \times (j_2 - c_2) + a_3 \times (j_3 - c_3)$$
$$= Loc[c_1, c_2, c_3] + \sum a_i \times (j_i - c_i)$$

由公式可知$Loc[j_1, j_2, j_3]$与j_1, j_2, j_3呈线性关系。

对于 n 维数组$A(c_1 : d_1, c_2 : d_2, \cdots, c_n : d_n)$,我们只要把上式推广,就可以容易地得到 n 维数组中任意元素$a_{j1 \cdots ji \cdots jn}$的存储地址的计算公式为

$$Loc[j_1, j_2, \cdots, j_n] = Loc[c_1, c_2, \cdots, c_n] + \sum_{i-1}^{n} a_i \times (j_i - c_i)$$

其中,$a_i = size \times \prod_{k=i+1}^{n} (d_k - c_k + 1)$。

下面我们给出数组的顺序存储的表示如下。

```
typedef struct
{
ElemType  * base;
int dim;
    int  * bounds;
    int  * const;
} Array;
```

在上面定义的数组 Array 的结构体中,指针 base 指向数组元素初始地址,由初始化操作实现;整数 dim 表示当前定义数组的维数,通常定义数组的维数不超过 10;整型指针 bounds 表示数组各维的长度,也由初始化操作实现;整型指针 const 表示数组的映像函数常量的初始地址,由初始化操作实现。

　　下面在数组顺序存储结构表示的基础上,给出数组在顺序存储结构上相应操作的实现,通常包括初始化数组操作、销毁数组操作、读取数组元素操作以及修改数组元素操作。下面以初始化顺序存储结构数组为例,给出该操作在 C 语言下的实现。

　　初始化数组:在初始化数组时,首先检查数组维数 Adim 和数组各维的长度 bounds 是否合法,若非法则返回值为 error;若合法(一般规定数组维数为不大于 10 的正整数)则构造相应的数组 A,并将各维长度存入 A. bounds,并求出 A 的元素总数 totalnum;初始化数组数据元素初始地址;初始化数组的映像函数常量的初始地址;返回值为 OK。

```
Status InitialArray( Array &A, int Adim)
{
if ( Adim < 1 || Adim > 10)
    return error ;
    A. dim = Adim ;
    A. bounds = ( int * ) malloc( Adim * sizeof( int) ) ;
    if ( !A. bounds)
        exit ( overflow) ;
    totalnum = 1 ;
    va_start( ap, Adim) ;
    for( i = 0 ; i < Adim; ++ i)
    {
    A. bounds[ i] = va_arg( ap, int) ;
    if( A. bounds[ i] < 0)
        return ( underflow) ;
    totalnum * = A. bounds[ i] ;
    }
    va_end( ap) ;
    A. base = ( ElemType * ) malloc( dim * sizeof( ElemType) ) ;
    if( !A. base)
        exit( overflow) ;
    A. const = ( int * ) malloc( dim * sizeof( int) ) ;
    if( !A. const) exit( overflow) ;
    A. const [ Adim − 1] = 1 ;
    for( i = Adim − 2 ; i >= 0 , i −− )
    A. const [ i] = A. bounds[ i + 1] * A. const [ i + 1] ;
    return OK;
    }
```

　　以上为数组的顺序表示,广义表由于其数据元素的特殊性,既可以为单个元素,又可以为广义表(子表),通常不采用顺序存储。因此此处就不对广义表的顺序存储结构进行介绍。在下一小节我们将给出广义表的链式存储结构。

4.3　数组和广义表的链式表示及实现

数组由于其有序性，且其定义后元素个数固定，与计算机中内存储器一维结构相类似，故采用顺序存储较多，不常采用链式存储。下面我们介绍一下广义表的链式存储结构，如图4.2所示。

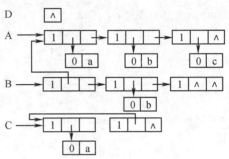

图4.2　广义表的链式存储结构

在采用链式存储结构表示广义表时，广义表中的每一个数据元素都可以用链表中的一个结点表示。由于广义表中的数据元素既可以为单个元素也可以为广义表(子表)，因此广义表的链式存储结构中包括两类结点，一类是单个元素结点，一类是子表结点。

通过前面的讲解我们了解到，任何一个非空的广义表都可以将其分解成表头和表尾两部分，反之，一对确定的表头和表尾可以唯一地确定一个广义表。由此，一个表结点可由三个域构成，即标志域、指向表头的指针域和指向表尾的指针域。而元素结点只需要两个域，即标志域和值域。

广义表的头尾链表存储结构：

```
typedef enum｛ATOM, LIST｝ElemTag;
typedef struct GLNode
｛
    ElemTag tag;
union
    ｛AtomType atom;
struct｛structGLNode ＊hp，＊tp;｝htp;
    ｝atom_htp;
｝＊GList;
```

以上定义的是广义表 GList 的链式存储结构的实现，首先定义广义表中包含两类结点，ATOM ＝0 表示原子结点；LIST ＝1 表示子表结点；然后定义了链表中的每个结点，包括标志位 tag 以及联合体域 atom_htp(原子结点的值域 atom 和表结点的指针域 htp，包括表头指针域 hp 和表尾指针域 tp 的联合体域)。

另外，广义表除了以上头尾链表存储结构的表示，还有一种存储结构。这种链式存储结构具体表示如图4.3所示。在这种链式存储表示中，广义表中的两类结点无论是单元素结点还是子表结点均由三个域构成。

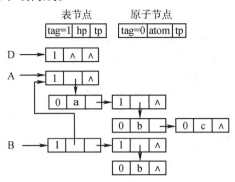

图 4.3　广义表的第二种链式存储结构

下面给出广义表的扩展线性链表存储结构的 C 语言实现：

typedef enum ｛ATOM,LIST｝ElemTag;

typedef struct GLNode

｛ElemTag tag;

union

　　｛AtomType atom;

struct GLNode　* hp;

　　｝atom_hp;

struct GLNode　* tp;

｝* GList;

广义表中的每个结点仍包含一个标志位,用来指示是单元素结点还是子表结点;然后定义了链表中的每个结点,包括标志位 tag、表头指针域 hp(原子结点中为元素的值 atom)以及表尾指针域 tp。

下面以广义表的头尾链表存储结构为例,介绍广义表的几个基本操作的实现。

1. 求广义表的表头

首先判断当前广义表是否为空,为空则返回 NULL,表示当前为空表无表头;若非空,则获取结点标志位 tag 的值;为单元素结点时则退出(单元素结点不是表),否则返回当前广义表表头(L -> atom_htp. htp. hp)。

GListHead(GListL)

｛

if(L == NULL) return(NULL);

if(L -> tag == ATOM) exit(0);

else return(L -> atom_htp. htp. hp);

｝

2. 求广义表表尾

与求广义表表头类似,需判空及判断是否为单元素结点,否则返回当前广义表表尾 L -> atom_htp. htp. tp。

```
GListTail(GListL)
    {
    if(L == NULL) return(NULL);        //空表无表尾
    if(L -> tag == ATOM) exit(0);       //原子不是表
    else return(L -> atom_htp. htp. tp);
    }
```

3. 求广义表的长度

需判空及判断是否为非单元素结点表,求得该广义表最上层表的长度。

```
int Length(GListL)
    {
    int n = 0;
    GLNode * s;
    if(L == NULL) return(0);
    if(L -> tag == ATOM) exit(0);
    s = L;
        while(s! = NULL)
        {
            k ++;
    s = s -> atom_htp. htp. tp;
        }
        return(k);
    }
```

4. 求广义表的深度

空表时,当前广义表深度为1;只含一个单元素结点,当前广义表深度为0;否则,循环求得广义表中每个子表的深度的最大值,返回当前广义表深度为子表最大深度值加一。

```
int Depth(GListL)
    {
    int d, max;
    GLNode * s;
    if(L == NULL) return(1);
    if(L -> tag == ATOM) return(0);
    s = L;
    while(s! = NULL)
        {
            d = Depth(s -> atom_htp. htp. hp);
    if(d > max) max = d;
            s = s -> atom_htp. htp. tp;
        }
    return(max + 1);
    }
```

5.统计广义表中原子数目

空表时当前广义表原子结点数目为 0;若为单元素结点,则当前广义表原子结点数目为 1;否则,分别求得广义表中表头和表尾中原子结点的数目,最后将求得的结果相加,即为当前广义表中原子结点的数目。

```
int CountAtom(GListL)
{
    int n1, n2;
    if(L == NULL) return(0);
if(L -> tag == ATOM) return(1);
n1 = CountAtom(L -> atom_htp. htp. hp);
n2 = CountAtom(L -> atom_htp. htp. tp);
return(n1 + n2);
}
```

6.复制广义表

该函数为递归函数,嵌套调用复制广义表函数 CopyGList。嵌套出口为复制空表及复制单元素结点。

```
int CopyGList(GListS, GList * T)
{
    if(S == NULL) { * T = NULL; return(OK); }
     * T = (GLNode * )malloc(sizeof(GLNode));
    if( * T == NULL) return(ERROR);
    ( * T) -> tag = S -> tag;
    if(S -> tag == ATOM) ( * T) -> atom = S -> atom;
    else
    { CopyGList(S -> atom_htp. htp. hp, &(( * T) -> atom_htp. htp. hp));
    CopyGList(S -> atom_htp. htp. tp, &(( * T) -> atom_htp. htp. tp));
    }
return(OK);
}
```

4.4　数组和广义表的应用举例

在实际应用中,矩阵运算有着广泛的用途,尤其是在科学和工程计算领域有着非常广泛的应用,如数字信号处理、模式识别、数据压缩等研究应用方向。在 C 语言中,常采用二维数组对矩阵进行表示。

在矩阵中有一些矩阵的元素分布很有规律,这类矩阵我们通常称其为特殊矩阵,如三角矩阵、对称矩阵及对角矩阵。在存储的过程中,我们可以利用这些规律,只存储部分元素,从而提高存储空间利用率。还有一些高阶矩阵,矩阵中的数据元素非零元素非常少,此时若仍采用二维数组顺序存放,只有很少的一些空间存放的是有效数据,很多存储空间存储的都是 0,这将造成存储单元极大的浪费。

下面我们将介绍一下特殊矩阵和稀疏矩阵的压缩存储。

4.4.1 特殊矩阵的压缩存储

特殊矩阵即矩阵中元素分布具有一定规律的矩阵。对于特殊矩阵我们通常采用的压缩存储原则是:对有规律的元素和值相同的元素只分配一个存储单元,对于零元素不分配空间。下面我们讲解一下三类特殊矩阵(三角矩阵、对称矩阵和对角矩阵)的压缩存储。

1. 三角矩阵的压缩存储

常见的三角矩阵可分为两类,即上三角矩阵和下三角矩阵。下面我们对这两种情况分别进行讲解。

(1)上三角矩阵:对于一个 n 阶方阵,它的主对角线的左下方元素均为零元素的矩阵,即当 $i > j$ 时,$a_{ij} = c$(典型情况 c 为 0)。在上三角矩阵中,按行优先顺序存放上三角矩阵中的元素 a_{ij} 时,其地址 k 的计算公式为

$$k = \begin{cases} i \times (2n - i + 1)/2 + j - i, & \text{当 } i \leqslant j \\ n \times \dfrac{(n+1)}{2}, & \text{当 } i > j \end{cases}$$

(2)下三角矩阵:对于一个 n 阶方阵,它的主对角线的右上方元素均为零元素的矩阵,即当 $i < j$ 时,$a_{ij} = c$(典型情况 c 为 0)。

下面给出了下三角矩阵与上三角矩阵的例子,如图 4.4 所示。

$$\begin{bmatrix} 2 & 0 & 0 & 0 & 0 \\ 2 & 1 & 0 & 0 & 0 \\ 2 & 3 & 1 & 0 & 0 \\ 2 & 3 & 3 & 1 & 0 \\ 4 & 3 & 3 & 4 & 1 \end{bmatrix} \quad \begin{bmatrix} 1 & 2 & 3 & 4 & 5 \\ 0 & 1 & 2 & 3 & 4 \\ 0 & 0 & 1 & 2 & 3 \\ 0 & 0 & 0 & 1 & 2 \\ 0 & 0 & 0 & 0 & 1 \end{bmatrix}$$

图 4.4　上三角矩阵与下三角矩阵举例

2. 对称矩阵的压缩存储

若矩阵中的所有元素均满足 $a_{ij} = a_{ji}$,则称此矩阵为对称矩阵。对于对称矩阵,因其元素满足 $a_{ij} = a_{ji}$,因此我们可以为每一对相等的元素分配一个存储空间,即只存下三角(或上三角)矩阵,从而将 n^2 个元素压缩到 $n(n+1)/2$ 个空间中,如图 4.5 所示。

$$\begin{bmatrix} 1 & 2 & 3 & 5 \\ 2 & 1 & 4 & 6 \\ 3 & 4 & 1 & 7 \\ 5 & 6 & 7 & 1 \end{bmatrix}$$

图 4.5　对称矩阵举例

下面我们利用一维矩阵来对 n 阶对称矩阵进行存储,则一维数组中数据元素的地址 k 和矩阵中的元素 a_{ij} 之间存在着下述一一对应的关系:

$$k = \begin{cases} i \times (i - 1)/2 + j - 1, & \text{当 } i \geqslant j \\ j \times (j - 1)/2 + i - 1, & \text{当 } i < j \end{cases}$$

3. 对角矩阵的压缩存储

若在矩阵中,所有的非零元素都集中在以主对角线为中心的带状区域中,这样的矩阵我们称之为对角矩阵。在科学计算及程序设计中,最常见的是三对角带状矩阵,如图 4.6 所示。

$$\begin{bmatrix} 1 & 2 & 0 & 0 & 0 \\ 2 & 1 & 2 & 0 & 0 \\ 0 & 2 & 1 & 2 & 0 \\ 0 & 0 & 2 & 1 & 2 \\ 0 & 0 & 0 & 2 & 1 \end{bmatrix}$$

图 4.6 对角矩阵

对角矩阵可按某个原则(或以行为主序,或以对角线的顺序)将对角矩阵压缩到一维数组中。

综上,对于特殊矩阵我们常采用的压缩策略就是找出这些特殊矩阵元素的分布规律,把相同分布规律、相同值的元素(包括零元素)压缩存储到一个存储空间中。在这样的压缩矩阵中只需要按公式映射,就可以实现矩阵元素的随机存取。

4.4.2 稀疏矩阵的压缩存储

稀疏矩阵是指矩阵中大多数元素为零的矩阵。一般地,当非零元素个数只占矩阵元素总数的 25% ~ 30%,或低于这个区间时,我们称这样的矩阵为稀疏矩阵。下面给出了两个稀疏矩阵的例子,如图 4.7 所示。

$$M = \begin{bmatrix} 1 & 0 & 0 & 0 \\ 0 & 0 & 0 & 0 \\ 0 & 2 & 0 & 0 \\ 0 & 0 & 3 & 0 \end{bmatrix} \qquad T = \begin{bmatrix} 0 & 0 & 0 & 4 & 5 \\ 0 & 0 & 0 & 0 & 0 \\ 0 & 0 & 0 & 1 & 0 \\ 2 & 0 & 0 & 0 & 0 \\ 0 & 0 & 0 & 3 & 0 \end{bmatrix}$$

图 4.7 稀疏矩阵

对于稀疏矩阵在计算机中的压缩存储表示,通常采取只存储非零元素的策略,主要包括两种方式,即稀疏矩阵的三元组表示法和稀疏矩阵的十字链表表示法。

1. 稀疏矩阵的三元组表示法

对于稀疏矩阵的压缩存储,要求在存储非零元素的同时,还必须存储该非零元素在矩阵中所处的行号和列号。我们将这种存储方法叫作稀疏矩阵的三元组表示法。

对于稀疏矩阵中的每个非零元素,在一维数组中的表示形式为一个三元组 (i, j, a_{ij}),其中 i 表示非零元素的行号,j 表示非零元素的列号,a_{ij} 为稀疏矩阵中非零元素的值。

对于稀疏矩阵中的每一个非零元素,我们利用一个三元组来表示。对于一个稀疏矩阵,我们利用一个三元线性表来表示,即对稀疏矩阵,把它的每个非零元素表示为三元组,并按行号递增排列,则构成了稀疏矩阵的三元组线性表。

下面给出三元组顺序表的存储结构的定义:

```
#define MAXSIZE    256
typedef struct
{
```

```
        int i;
        int j;
        ElemType e;
    } Triple;
    typedef struct
    {
    int mu;
        int nu;
        int tu;
    Triple data[MAXSIZE+1];    //data 为非零元三元组表,data[0]没有用
    } Tabletype;
```

上面我们首先定义了稀疏矩阵中非零元素三元组 Triple,包含三个成员,即矩阵元素中非零元的行下标 i、矩阵元素中非零元的列下标 j 和矩阵元素的值 e。然后我们定义了稀疏矩阵的三元线性表 Tabletype 表示,包含四个数据成员,即矩阵的行数 mu、矩阵的列数 nu、矩阵的非零元素个数 tu 及存储稀疏矩阵中非零元素的三元组数组 data。

在科学计算及实际应用中,矩阵运算主要包括矩阵转置运算和矩阵相乘运算。下面我们给出在利用三元组表示稀疏矩阵时矩阵运算的实现。

(1)用三元组表实现稀疏矩阵的转置运算

矩阵转置是指变换矩阵中元素的位置,把矩阵中元素的行列互换,即把位于(row,col)位置上的元素换到(col,row)位置上,具体如图4.8所示。

$$M = \begin{bmatrix} 1 & 0 & 0 & 0 \\ 0 & 0 & 0 & 0 \\ 0 & 2 & 0 & 0 \\ 0 & 0 & 3 & 0 \end{bmatrix} \qquad M^{\mathrm{T}} = \begin{bmatrix} 1 & 0 & 0 & 0 \\ 0 & 0 & 2 & 0 \\ 0 & 0 & 0 & 3 \\ 0 & 0 & 0 & 0 \end{bmatrix}$$

图4.8　稀疏矩阵及其转置

矩阵转置运算的实现步骤具体如下:
①将矩阵的行列值相互交换;
②将每个三元组中的 i 和 j 相互调换;
③重新排列三元组之间的顺序便可实现矩阵的转置。

为了解决上面矩阵转置运算中实现步骤中出现的问题,我们提出了两种解决办法。

第一种解决方法:首先给出矩阵 A,求解矩阵 A 的转置矩阵 B。即按照矩阵 B 中三元组的顺序,扫描矩阵 A,找出矩阵 A 中对应的三元组,然后进行转置,并填入矩阵 B 中。通常在 C 语言中矩阵采用按行为主序进行存储,在矩阵 A 中,同样也按行序为主序进行存储,扫描并填写转置矩阵 B 时,按列填入,这样正好解决了排序问题。

具体算法如下:

```
void TransposeSMatrix(struct Tabletype a,struct Tabletype *b)
{
int p,q,col;
    (*b).mu = a.nu;
```

```
        ( * b). nu = a. mu;
        ( * b). tu = a. tu;
    if(( * b). tu)
        {
        q = 0;
        for( col = 1;col <= a. nu;col ++ )
            for( p = 0;p < a. tu;p ++ )
                if( a. data[ p]. j == col)
                    {
                        ( * b). data[ q]. i = a. data[ p]. j;
                        ( * b). data[ q]. j = a. data[ p]. i;
                        ( * b). data[ q]. e = a. data[ p]. e;
                        q ++ ;
                    }
        }
    }
```

第二种解决方法:该方法也可称为矩阵的快速转置。与第一种方法不同,该方法中先按照矩阵 **A** 中三元组的次序进行转置,然后将转置后的三元组置入 **B** 中恰当的位置;为确定位置,在转置前应求出 **A** 中每一列中非零元素的个数和每一列的第一个非零元在 **B** 中应有的位置;用 num[col]表示矩阵 **A** 中第 col 列中非零元素的个数,cpot[col]表示 **A** 中第 col 列的第一个非零元素在 **B** 中的正确位置,得出下面一组公式。

$$cpot[1] = 1;$$
$$cpot[col] = cpot[col - 1] + num[col - 1];2 \leqslant col \leqslant a. nu$$

算法实现如下(矩阵的快速转置):

```
void Fast_TransposeSMatrix( struct Tabletype a,struct Tabletype * b)
    {
    int p,q,col,t;
    int num[ MAXSIZE + 1];
    int cpot[ MAXSIZE + 1];
        ( * b). mu = a. nu;
        ( * b). nu = a. mu;
        ( * b). tu = a. tu;
    if(( * b). tu)
        {
        for( col = 1;col <= a. nu;col ++ )
            num[ col] = 0;
        for( t = 1;t <= a. tu;t ++ )
            num[ a. data[ t]. j] ++ ;
        cpot[ 1] = 1;
        for( col = 2;col <= a. nu;col ++ )
```

```
            cpot[ col ] = cpot[ col − 1 ] + num[ col − 1 ];
            for( p = 0 ; p < a. tu ; p ++ )
                        {
                            col = a. data[ p ]. j;
                            q = cpot[ col ];
                            ( ∗ b ). data[ q − 1 ]. i = a. data[ p ]. j;
                            ( ∗ b ). data[ q − 1 ]. j = a. data[ p ]. i;
                            ( ∗ b ). data[ q − 1 ]. e = a. data[ p ]. e;
                            cpot[ col ] ++ ;
                        }
                    }
                }
```

（2）用三元组实现稀疏矩阵的乘法运算

设矩阵 M 是 $m_1 \times n_1$ 矩阵，N 是 $m_2 \times n_2$ 矩阵；若可以相乘，则必须满足矩阵 M 的列数 n_1 与矩阵 N 的行数 m_2 相等，才能得到结果矩阵 $Q = M \times N$（一个 $m_1 \times n_2$ 的矩阵）。

下面给出矩阵乘法运算的实现：矩阵 Q 中第 i 行第 j 列的元素 q_{ij} 等于 M 中第 i 行元素与 N 中第 n 行元素，对应位置相乘再相加的结果。

```
        for( i = 1 ; i <= m1 ; i ++ )
        for( j = 1 ; j <= n2 ; j ++ )
            {
                Q[ i ][ j ] = 0;
        for( k = 1 ; k <= n1 ; k ++ )
                Q[ i ][ j ] + = M[ i ][ k ] × N[ k ][ j ];
            }
```

上述实现矩阵乘法算法的时间复杂度为 $O(m_1 \times n_1 \times n_2)$。在经典算法中，不论 $M[i][k]$，$N[k][j]$ 是否为零，都要进行一次乘法运算，而实际上，这是没有必要的。尤其是在稀疏矩阵中，大多数元素均为零的情况下，采用上述算法会造成大量计算资源的浪费。因此在采用三元组的方法时，因为三元组只对矩阵的非零元素进行存储，所以可以采用固定三元组 a 中元素 (i,k,M_{ik}) $(1 \leqslant i \leqslant m_1, 1 \leqslant k \leqslant n_1)$，在三元组 b 中找所有行号为 k 的对应元素 (k,j,N_{kj}) $(1 \leqslant k \leqslant m_2, 1 \leqslant j \leqslant n_2)$ 进行相乘、累加从而得到 $Q[i][j]$，即以三元组 a 中的元素为基准，依次求出其与三元组 b 的有效乘积。

下面我们给出稀疏矩阵三元组表示时乘法操作的实现：对于三元组 a 中每个元素 a. data[p]（p = 1,2,3,…,a. len），找出三元组 b 中所有满足条件 a. data [p]. col = b. data[q]. row 的元素 b. data[q]，求得 a. data[p]. e 与 b. data[q]. e 的乘积，而这个乘积只是 $Q[i, j]$ 的一部分，应对每个元素设一个累计和变量，其初值为 0。扫描完三元组 a，求得相应元素的乘积并累加到适当的累计和的变量上。

算法：

```
void multiMatrix( structTabletype a1 , structTabletype b1 , structTabletype ∗ c1 )
    {
    int i, t;
```

```
int p,q;
int arow,brow,ccol;
int ctemp[MAXRC+1];
if ( a1. nu! = b1. mu)
exit (1) ;
    ( * c1). mu = a1. mu;
    ( * c1). nu = b1. nu;
    ( * c1). tu = 0;
if( a1. tu × b1. tu! = 0)
    {
for( arow = 1;arow <= a1. mu;arow ++ )
        {
    for (i = 0;i < MAXRC + 1;i ++ )
        ctemp[ i] = 0;
            ( * c1). rpos[ arow] = ( * c1). tu + 1;
        for( p = a1. rpos[ arow]; p < a1. rpos[ arrow + 1];p ++ )
            {
            brow = a1. data[ p]. j;
    if( brow < b1. nu)
            t = b1. rpos[ brow + 1] ;
    else
            t = b1. tu + 1;
    for ( q = b1. rpos[ brow] ;q < t;q ++ )
                {
            ccol = b1. data[ q]. j;
        ctemp[ ccol] + = a1. data[ p]. e × b1. data[ q]. e;
                }
            }
    for( ccol = 1;ccol <= ( * c1). nu;ccol ++ )
            if( ctemp[ ccol] )
        {
        if((( * c1). tu) > MAXSIZE)
            exit(1) ;
        ( * c1). data[ ( * c1). tu]. i = arow;
        ( * c1). data[ ( * c1). tu]. j = ccol;
        ( * c1). data[ ( * c1). tu]. e = ctemp[ ccol] ;
            ( * c1). tu ++ ;
        }
        }
    }
```

```
        printf("%d",(*c1).tu);
}
```

根据以上描述,我们可以给出三元组表示稀疏矩阵的优缺点。

①优点:非零元在表中按行序有序存储,便于进行依行序处理的矩阵运算。

②缺点:若需按行号存取某一行的非零元,则需从头开始进行查找。

2.稀疏矩阵的十字链表表示法

上面给出了稀疏矩阵的三元组线性表表示。下面介绍稀疏矩阵在计算机中的链式存储结构。在稀疏矩阵的链式存储表示中,通常采用十字链表来进行表示。稀疏矩阵中的每个非零元素在十字链表中用一个结点表示,此结点有五个域$(i,j,e,\text{right},\text{down})$,其中$i$、$j$和$e$三个域分别表示该非零元所在稀疏矩阵中的行、列和非零元素的值,right 域用来指示该非零元素同一行中的下一个非零元素的位置,down 域用来指示该非零元素同一列中的下一个非零元素的位置。此外在稀疏矩阵的十字链表表示中,还有一个行指针域及一个列指针域。其中行指针域将稀疏矩阵中同一行上的非零元素链接成一个线性链表,列指针域将稀疏矩阵中同一列上的非零元素链接成一个线性链表,每一个非零元素既是某个行链表上的一个结点,同时又是某个列链表上的一个结点,整个矩阵构成了一个十字交叉的链表,这样的存储结构为十字链表,如图4.9所示。

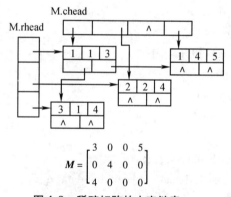

$$M = \begin{bmatrix} 3 & 0 & 0 & 5 \\ 0 & 4 & 0 & 0 \\ 4 & 0 & 0 & 0 \end{bmatrix}$$

图 4.9 稀疏矩阵的十字链表

稀疏矩阵的十字链表表示法具有的优点是能够灵活地插入因运算而产生的新的非零元素,删除因运算而产生的新的零元素,实现矩阵的各种运算,避免因元素移动造成大量资源的浪费。

综上可以知道在十字链表中,稀疏矩阵的每一个非零元素用一个结点表示,该结点除了(row,col,value)以外,还要有两个域:

①right:用于链接同一行中的下一个非零元素。

②down:用于链接同一列中的下一个非零元素。

下面给出利用 C 语言实现稀疏矩阵的十字链表的表示:首先定义稀疏矩阵非零元素链结点 Node,包括行下标i、列下标j的数据元素值e、所在行表的后继链域 right 及所在列表的后继链域 down 五个成员。然后定义了稀疏矩阵十字链表的结构 CrossList,包括行表的头指针 rhead、列表的头指针 chead、矩阵的行数的个数 mu、矩阵的列数 nu 及矩阵中非零元的个数 tu。代码实现如下所示。

```
typedef struct Node
{
int i;
int j;
    Elemtype e;
    struct Node * right;
    struct Node * down;
  } * OLink;
typedef struct NodeOLNode;
typedef struct
{
    OLink * rhead;
    OLink * chead;
    int mu;
    int nu;
    int tu;
} CrossList;
```

下面以初始化稀疏矩阵的十字链表结构为例,给出其 C 语言的实现。

首先输入矩阵的行数、列数和非零元素的个数,对其进行初始化;初始化行头指针及列头指针,各行链表为空链表,同时各列链表为空链表;按任意次序输入非零元素,根据输入的非零元素的行号、列号、元素值等信息生成链表结点,然后寻找在行表中插入的位置,进行行插入,寻找在列表中插入的位置,进行列插入。

```
void CreatSMatrix_OL( CrossList * b)
{
    int i,j,e;
    int m,n,t;
    OLink p, q;
    scanf( "%d%d%d",&m,&n,&t);
    ( * b). mu = m;
    ( * b). nu = n;
    ( * b). tu = t;
    if( !( ( * b). rhead = ( OLink * )malloc( ( m + 1) * sizeof( OLink) ) ) )
    {
        printf( "\ERROR\n");
        exit( 1);
    }
    if( !( ( * b). chead = ( OLink * )malloc( ( n + 1) * sizeof( OLink) ) ) )
    {
        printf( "\nERROR\n");
        exit( 1);
```

```
    }
    for( i = 1 ;i <= m;i ++ )
        ( * b). rhead[ i] = NULL;
    for( j = 1 ;j <= n;j ++ )
        ( * b). chead[ j] = NULL;
    for( scanf( "% d% d% d" ,&i ,&j ,&e) ;i! = 0;scanf( "% d% d% d" ,&i ,&j ,&e) )
    {
        if( ! ( p = ( OLink  ) malloc( sizeof( OLink ) ) ) )
        {
            printf( "ERROR \n" ) ;
exit( 1) ;
        }
        p -> i = i;
        p -> j = j;
        p -> e = e;
        p -> right = NULL;
        p -> down = NULL;
        if( ( * b). rhead[ i] == NULL)
            ( * b). rhead[ i] = p ;
        else
        {
    for( q = ( * b). rhead[ i] ;( ( q -> right! = NULL) &&( q -> right -> j < j) ) ;q = q -> right)
            p -> right = q -> right;
            q -> right = p ;
        }
        if( ( * b). chead[ j] == NULL)
            ( * b). chead[ j] = p ;
        else
        {
    for( q = ( * b). chead[ j] ;( ( q -> down! = NULL) &&( q -> down -> i < i) ) ;q = q ->
down)
            p -> down = q -> down;
            q -> down = p ;
        }
    }
}
```

4.5 本章小结

本章主要讲解了数组及广义表的逻辑结构、数组的顺序存储、广义表的链式存储,以及特殊矩阵及稀疏矩阵的存储表示。数组及广义表是对线性表的一种扩充,是一种简单的非线性结构。数组的特点是一种多维的线性结构,较多的操作是进行存取或修改某个元素的值,插入和删除操作较少,因此它主要采用顺序存储结构。广义表中包含两类结点,即单元素结点以及子表结点,常采用链式存储结构。广义表是一种递归定义的线性结构,因此它兼有线性结构和层次结构的特点。

在科学计算中,广泛被使用的矩阵与二维数组相对应。本章讲解了有一定规律的特殊矩阵的压缩存储,即利用该矩阵和一维数组元素下标的对应关系式,将其压缩存储到一维数组中。同时本章讲解了稀疏矩阵的存储,一般只存储非零元素,通常采用三元组表和十字链表来存放元素。

【例题精解】

例 4.1 已知数组 $M[1..10, -1..6, 0..3]$,求:

(1)数组的元素总数;

(2)若数组以下标顺序为主序存储,起始地址为 1 000,且每个数据元素占用 3 个存储单元,试分别计算 $M[2,4,2]$ 和 $M[5,-1,3]$ 的地址。

解:

(1)数组的元素总数为

$$(10-1+1) \times (6-(-1)+1) \times (3-0+1) = 320$$

(2)地址计算公式为

$$\begin{aligned}
\text{Loc}[i,j,k] = \text{Loc}[c1,c2,c3] &+ ((d2-c2+1) \times (d3-c3+1) \times (i-c1) \\
&+ (d3-c3+1) \times (j-c2) + (k-c3)) \times \text{size}
\end{aligned}$$

其中,$c1=1, d1=10, c2=-1, d2=6, c3=0, d3=3$,所以:

$$\begin{aligned}
\text{Loc}[2,4,2] = 1\,000 &+ ((6-(-1)+1) \times (3-0+1) \times (2-1) + (3-0+1) \\
&\times (4-(-1)) + (2-0)) \times 3 = 1\,162
\end{aligned}$$

$$\begin{aligned}
\text{Loc}[5,-1,3] = 1\,000 &+ ((6-(-1)+1) \times (3-0+1) \times (5-1) + (3-0+1) \\
&\times (-1-(-1)) + (3-0)) \times 3 = 1\,393
\end{aligned}$$

例 4.2 已知上三角矩阵 $A_{n \times n}$,当 $i > j$ 时,$a_{ij} = c$,要求将其压缩存储到一维数组 $B[1..m]$ 中。请说明压缩存储方法,并给出任意元素 a_{ij} 与 $B[k]$ 的对应关系:$k = f(i,j)$。

解:显然,上三角中共有 $n(n+1)/2$ 个元素,下三角中所有相同元素 c 可以共享一个存储单元,所以一维数组 $B[1..m]$ 的上界为 $m = n(n+1)/2 + 1$。将上三角中 $n(n+1)/2$ 个元素逐行存放到一维数组 B 的前 $m-1$ 个单元中,相同元素 c 存放在最后一个单元 $B[m]$ 中。

上三角中第 t 行共有 $n-t+1$ 个元素,所以,对于上三角中任意元素 a_{ij} 而言,排在前面的 $i-1$ 行中共有元素数目为

$$\sum_{t=1}^{i-1}(n-t+1)=(i-1)(2n-i+2)/2$$

在上三角的第 i 行中,排在 a_{ij} 前的元素数目为 $j-(i-1)-1=j-i$。所以,对于上三角中任意元素 a_{ij} 而言,排在 a_{ij} 前面的元素数目为

$$\frac{(i-1)(2n-i+2)}{2}+j-i$$

因此,上三角中任意元素 a_{ij} 在一维数组 B 中的位置为

$$k=f(i,j)=\frac{(i-1)(2n-i+2)}{2}+j-i+1$$

综上所述,上三角矩阵 $A_{n\times n}$ 中任意元素 a_{ij} 与 $B[k]$ 的对应关系为

当 $i>j$ 时,$k=f(i,j)=m$。

当 $i<=j$ 时,$k=f(i,j)=\dfrac{(i-1)(2n-i+2)}{2}+j-i+1$。

例 4.3 已知广义表 $L=((x,y,z),a,(u,t,w))$,从 L 表中取出原子 u 的运算是:(D)

(A) head(tail(tail(L)))   (B) tail(head(head(tail(L))))

(C) head(tail(head(tail(L))))   (D) head(head(tail(tail(L))))

解析: 取出原子 u 的过程如下:

(1)用 tail 运算去掉表头 (x,y,z),即 tail(L) $=(a,(u,t,w))$。

(2)再用 tail 运算去掉表头 a,即 tail(tail(L)) $=((u,t,w))$。

(3)用 head 运算取出表头 (u,t,w),即 head(tail(tail(L))) $=(u,t,w)$。

(4)再用 head 运算取出表头 u,即 head(head(tail(tail(L)))) $=u$。

练　习

4.1 数组及广义表与线性表有什么区别?

4.2 为什么数组常采用顺序存储?

4.3 稀疏矩阵的压缩存储表示有几种方式?

4.4 设有数组 $A[i,j]$,数组的每个元素长度为 3 字节,i 的值为 1 到 8,j 的值为 1 到 10,数组从内存首地址 BA 开始顺序存放,当以列为主存放时,元素 $A[5,8]$ 的存储首地址为(　　)。

A. $BA+141$ B. $BA+180$ C. $BA+222$ D. $BA+225$

4.5 将一个 $A[1..100,1..100]$ 的三对角矩阵,按行优先存入一维数组 $B[1..298]$ 中,A 中元素 A_{6665}(即该元素下标 $i=66,j=65$),在 B 数组中的位置 K 为(　　)。

A. 198   B. 195   C. 197

4.6 $A[N,N]$ 是对称矩阵,将下面三角(包括对角线)以行序存储到一维数组 $T[N(N+1)/2]$ 中,则对任一上三角元素 $a[i][j]$ 对应 $T[k]$ 的下标 k 是(　　)。

A. $i(i-1)/2+j$ B. $j(j-1)/2+i$ C. $i(j-i)/2+1$ D. $j(i-1)/2+1$

4.7 有一个 100×90 的稀疏矩阵,非 0 元素有 10 个,设每个整型数占 2 字节,则用三元组表示该矩阵时,所需的字节数是(　　)。

A. 60   B. 66   C. 18 000   D. 33

4.8 广义表运算式 Tail((((a,b),(c,d)))的操作结果是(　　)。

A. (c,d)　　　　　B. c,d　　　　　C. ((c,d))　　　　　D. d

4.9 设广义表 $L = (($a,b,c$))$,则 L 的长度和深度分别为(　　)。

A. 1 和 1　　　　　B. 1 和 3　　　　　C. 1 和 2　　　　　D. 2 和 3

4.10 下面说法不正确的是(　　)。

A. 广义表的表头总是一个广义表　　　　B. 广义表的表尾总是一个广义表

C. 广义表难以用顺序存储结构　　　　　D. 广义表可以是一个多层次的结构

4.11 数组 A 中,每个元素 $A[i,j]$ 的长度均为32 个二进位,行下标从 -1 到9,列下标从 1 到11,从首地址 S 开始连续存放主存储器中,主存储器字长为 16 位。求:

(1)存放该数组需要多少单元?

(2)存放数组第 4 列所有元素至少需要多少单元?

(3)数组按行存放时,元素 $A[7,4]$ 的起始地址是多少?

(4)数组按列存放时,元素 $A[4,7]$ 的起始地址是多少?

4.12 利用三元组存储任意稀疏数组时,在什么条件下才能节省存储空间?

4.13 请编写完整的程序。如果矩阵 A 中存在这样的一个元素 $A[i,j]$ 满足 $A[i,j]$ 是第 i 行中值最小的元素,且又是第 j 列中值最大的元素,则称之为该矩阵的一个马鞍点。请编程计算出 $m \times n$ 的矩阵 A 的所有马鞍点。

4.14 广义表是 $n(n >= 0)$ 个数据元素 $a_1, a_2, a_3, \cdots, a_n$ 的一个有限序列。而其中 $a_i(1 \leqslant i \leqslant n)$ 或者是单个数据元素(原子),或仍然是一个广义表。广义表的结点具有不同的结构,即原子结点和子表元素结点,为了将两者统一,用了一个标志 tag,当其为 0 时表示原子结点,其 data 域存储结点值,link 域指向下一个结点,当 tag 为 1 时表示子表结点, sublist 为指向子表的指针。因此,广义表可采用如下结构存储:

```
TYP Eglist = ^gnode;
    gnode = RECORD
    link:glist;
    CASEtag:0..1 OF
    0:(data:char);
    1:(sublist:glist)
END;
```

(1)画出广义表((a,b),c)的存储结构;

(2)写出计算一个广义表的原子结点个数的递归算法表示式;

(3)编写实现上述算法的过程或函数程序。

4.15 在数组 $A[1..n]$ 中有 n 个数据,试建立一个带有头结点的循环链表,头指针为 h, 要求链中数据从小到大排列,重复的数据在链中只保存一个。

习题选解

4.4 B

4.6 B

4.10 A

4.12 稀疏矩阵 A 有 t 个非零元素,加上行数 mu、列数 nu 和非零元素个数 tu(也算一个三元组),共占用三元组表 $3(t+1)$ 个存储单元,用二维数组存储时占用 $m×n$ 个单元,只有当 $3(t+1) < m×n$ 时才有意义。解不等式得 $t < m×n/3-1$。

4.12 解析:本题要求建立有序的循环链表。从头到尾扫描数组 A,取出 $A[i]$ $(0 ≤ i < n)$,然后到链表中去查找值为 $A[i]$ 的结点,若查找失败,则插入。

```
Linked Listcreat(ElemType A[ ],int n)
{
    Linked List h;
    h = (LinkedList)malloc(sizeof(LNode));//申请结点
    h -> next = h;   //形成空循环链表
    for(i = 0;i < n;i ++)
    {
        pre = h;
        p = h -> next;
        while(p! = h&&p -> data < A[i])
        {
            pre = p; p = p -> next;
        }//查找 A[i]的插入位置
        if(p == h || p -> data! = A[i])      //重复数据不再输入
        {
            s = (LinkedList)malloc(sizeof(LNode));
            s -> data = A[i]; pre -> next = s; s -> next = p;      }
    }
    return(h);
}
```

第5章 树与二叉树

前几章涉及的数据结构都属于线性结构,本章介绍的树结构是一类很重要的非线性结构,它比线性结构要复杂,是以分支关系定义的一种层次结构。树结构在计算机领域中也有着广泛的应用,在分析算法的行为时,可用树来描述其执行过程,在编译程序中,用树来表示源程序的语法结构等。

本章将介绍树与二叉树的逻辑结构和存储结构,遍历及实现,树与二叉树、森林间的转换以及哈夫曼树及应用等。

5.1 树的逻辑结构

5.1.1 树的定义和基本术语

1. 树的定义

树是 $n(n \geq 0)$ 个结点的有限集合,$n = 0$ 为空树。树不为空时需满足:

(1)有且仅有一个特定的根(Root)结点;

(2)当 $n > 1$ 时,其余结点可以分为 $m(m > 0)$ 个互不相交的有限集合 $\{T_1, T_2, \cdots, T_m\}$,其中每一个集合本身又是一棵树,称之为根的子树。

树是一种递归的数据结构,示例如图 5.1 所示。

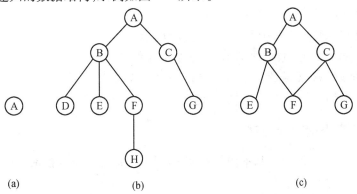

图5.1 树结构和非树结构

(a)只有根结点;(b)一般树结构;(c)非树结构

2. 树的基本术语

下面将结合图 5.1(b)来介绍树的一些基本术语。

结点(Node):一个数据元素及其若干指向其子树的分支。如图 5.1(b)中 A,B,C,D 等均为结点。

结点的度(Degree)、树的度:结点所拥有的子树的个数称为结点的度。树中结点度的最大值称为树的度。如图5.1(b)中结点 B 的度为3,结点 C 的度是1,树的度是3。

叶子(left)结点、分支结点:树中度为 0 的结点称为叶子结点(或终端结点)。相对应地,度不为 0 的结点称为分支结点(或非终端结点或非叶子结点)。除根结点外,分支结点又称为内部结点。如图5.1(b)中结点 D,E,G,H 为叶子结点,其余为分支结点。

孩子结点、双亲结点、兄弟结点:某个结点的子树的根称为该结点的孩子结点或子结点;相应地,该结点是其孩子结点的双亲结点(或父结点)。具有同一个双亲的孩子结点互为兄弟结点。如图5.1(b)中结点 B 和结点 C 是结点 A 的孩子结点,结点 A 是结点 B、C 的双亲结点,结点 B、C 互为兄弟结点。

层次、堂兄弟结点:规定树中根结点的层次为1,其余结点的层次等于其双亲结点的层次加1。若某结点在第 $i(i \geqslant 0)$ 层,则其子结点在第 $i+1$ 层。双亲结点在同一层上的所有结点互称为堂兄弟结点。如图5.1(b)中结点 C 的层次为2,结点 D,E,F,G 互为堂兄弟结点。

路径、路径长度:树中两个结点 n_1、n_k 之间所经过的结点序列 $n_1, n_2, \cdots, n_k$ 构成一条由 n_1 到 n_k 的路径;路径长度指路径上经过的边的个数,路径是唯一的。如图5.1(b)中结点 A 和结点 H 的路径长度是3,中间经过结点 B、F。

祖先、子孙:结点 k 的层次路径上的所有结点(k 除外)称为 k 的祖先(Ancester)。以某一结点为根的子树中的任意结点称为该结点的子孙结点。如图5.1(b)中结点 A,B,F 均为结点 H 的祖先,结点 B 的子孙结点有 D,E,F,H。

树的深度(Depth):树中结点的最大层次值,称为树的高度。如图5.1(b)中树的深度为4。

有序树、无序树:对于一棵树,如果每一个结点的子树从左到右是具有次序的,不能进行交换,则该树称为有序树,否则称为无序树。

5.1.2 树的性质

树的基本性质如下:

(1)树的结点总数等于树中所有结点的度数加1;

(2)度为 n 的树中第 i 层上最多有 $n^{i-1}(i \geqslant 0)$ 个结点;

(3)高度为 h 的 m 叉树最多有 $(m^h - 1)/(m - 1)$ 个结点;

(4)具有 n 个结点的 m 叉树的最小高度为 $\lceil \log_m(n(m - 1) + 1) \rceil$。

5.1.3 树的抽象数据类型

树在不同的实际应用中的基本操作不完全相同,下面介绍树的抽象数据类型定义。

ADTTree

Data:具有相同特性的数据元素集合。

Relation:

若 D 为空,则为空树;若只有一个数据元素,则 R 为空,否则 R = {H},H 是一个二元关系,如下:

(1)在 D 中存在唯一的根元素 root,它在关系 H 下无前驱;

(2)D 中其余元素不为空时,可以划分为 $D_1, D_2, \cdots, D_m(m > 0)$,对于任意的 $j, j \neq k$

$(1 \leqslant j, k \leqslant m)$有$D_j \cap D_k = NULL$,且对于任意的$i(1 \leqslant i \leqslant m)$,存在唯一一个数据元素$x_i \in D_i$,有$< root, x_i > \in H$;

(3)H 除根结点的关联关系外也有唯一一个划分$H_1, H_2, \cdots, H_m(m > 0)$对于任意$j \neq k$ $(1 \leqslant j, k \leqslant m)$有$H_j \cap H_k = NULL$,且对于任意的$i(1 \leqslant i \leqslant m)$,$H_i$是$D_i$上的二元关系。

Operation:

　　　　InitTree(* T):构造一棵空树 T。

　　　　DestroyTree(* T):销毁树 T。

　　　　CreateTree(* T, definition):根据定义来构造树 T。

　　　　ClearTree(* T):若树 T 存在,则将树 T 清为空树。

　　　　TreeEmpty(T):若 T 为空树,返回 true,否则返回 false。

　　　　TreeDepth(T):返回树 T 的深度。

　　　　Root(T):返回树 T 的根结点。

　　　　Value(T, cur_e):返回树 T 中结点 cur_e 的值。

　　　　Assign(T, cur_e, value):给树 T 的结点 cur_e 赋值为 value。

　　　　Parent(T, cur_e):若 cur_e 是树的非根结点,则返回它的双亲,否则返回空。

　　　　LeftChild(T, cur_e):若 cur_e 是树的非叶结点,则返回它的最左孩子,否则返回空。

　　　　RightSibling(T, cur_e):若 cur_e 有右兄弟,则返回它的右兄弟,否则返回空。

　　　　InsertChild(* T, * p, i, c):其中 p 指向树的某个结点,i 为所指结点 p 的度加上 1,非空树 c 与 T 不相交,操作结果为插入 c 为树 T 中 p 指结点的第 i 棵子树。

　　　　DeleteChild(* T, * p, i):其中 p 指向树 T 的某个结点,i 为所指结点的 p 的度,操作结果为删除 T 中 p 所指结点的第 i 棵子树。

endADT

5.2　二叉树的逻辑结构

二叉树是目前应用最广泛的树结构,本章将重点介绍二叉树的概念和相关操作。

5.2.1　二叉树的定义及性质

1. 二叉树的定义

二叉树是另一种特殊的树形结构,是$n(n \geqslant 0)$个结点的有限集合,当$n = 0$时称为空树。当二叉树不为空时,每个结点至多由两棵互不相交的子树(左子树和右子树)组成。

二叉树的特点是:

(1)每个结点最多有两棵子树,即二叉树中的结点度均不大于2;

(2)二叉树的左右子树次序不可颠倒,是有序树,若左右子树颠倒就会成为另一棵树。

二叉树结构如下图 5.2 所示。

二叉树与度为 2 的有序树是不一样的,区别在于:

(1)二叉树可以为空,但度为 2 的树至少有 3 个结点;

(2)二叉树的结点次序是确定的,不是相对另一结点而言的;而度为 2 的有序树的结点次序是相对于另一结点而言的,当某个结点只有一个孩子结点时无须区分左右次序。

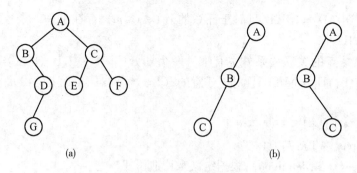

图 5.2　二叉树示例图

（a）二叉树示意图；（b）两棵不同的二叉树

二叉树具有 5 种基本形态，即空二叉树、只有根结点的二叉树、根结点只有左子树的二叉树、根结点只有右子树的二叉树、根结点既有左子树又有右子树的二叉树，如图 5.3 所示。

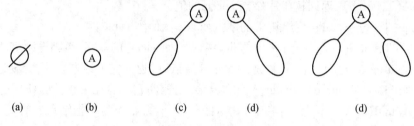

图 5.3　二叉树的 5 种形态

（a）空二叉树；（b）只有根结点；（c）只有左子树；（d）只有右子树；（e）左右子树均有

2. 几种特殊的二叉树

（1）满二叉树

在一棵二叉树中，每一个分支结点都有左子树和右子树，且所有的叶子结点都在同一层，这样的二叉树称为满二叉树（Full Binary Tree）。如果一个满二叉树的高度为 h，则它一共有 2^h-1 个结点。

满二叉树的特征是：

①叶子结点都集中在最下一层；

②除了叶子结点之外的每个结点度数均为 2。

满二叉树示例如图 5.4 所示。满二叉树按层编号：从根结点开始（根结点编号为 1）自上而下，自左向右进行自然编号。编号为 i 的结点，如果有双亲，则双亲结点为 $\lfloor i/1 \rfloor$ 如果有左孩子，则左孩子结点为 $2i$；如果有右孩子，则右孩子结点为 $2i+1$。

（2）完全二叉树

对一棵高度为 h 有 n 个结点的二叉树，当其每一个结点都与高度为 h 的满二叉树中编号为 $1\sim n$ 的结点一一对应时，称此二叉树为完全二叉树。显然，完全二叉树是满二叉树的一部分，而满二叉树是完全二叉树的特例。

完全二叉树的特征是：

①叶子结点都集中在最下两层，其中最底层中的叶子结点都依次排在该层的最左边；

②如果有度为 1 的结点，则只会存在一个且该结点只有左孩子没有右孩子。

完全二叉树示例如下图 5.5 所示。

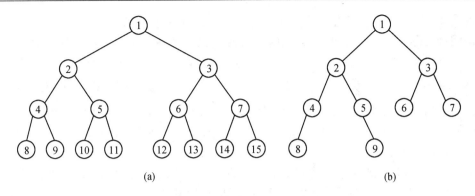

图5.4 满二叉树和非满二叉树

（a）满二叉树；（b）非满二叉树

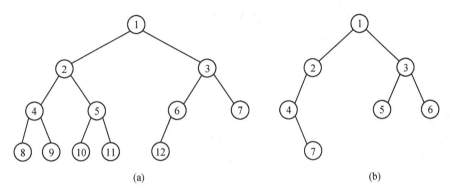

图5.5 完全二叉树和非完全二叉树

（a）完全二叉树；（b）非完全二叉树

（3）二叉排序树

二叉排序树或者为空，或者具有如下特征：

①若左子树不为空，则左子树上所有结点的关键字均小于根结点的关键字；若右子树不为空，则右子树上所有结点的关键字均大于根结点的关键字；

②左子树和右子树也是二叉排序树。

（4）平衡二叉树

平衡二叉树或者为空，或者具有如下特征：

①左子树和右子树的高度之差的绝对值不超过1；

②左子树和右子树也是平衡二叉树。

5.2.2 二叉树的基本性质

性质1 非空二叉树第 i 层上最多有 2^{i-1} 个结点（$i \geqslant 0$）。

证明：可由数学归纳法证明。

当 $i = 1$ 时，只有一个根结点，$2^{i-1} = 2^0 = 1$，命题成立。

现假设对 $i = k-1$ 时，命题仍然成立，即处在第 k 层上至多有 2^{k-2} 个结点。当 $i = k$ 时，由于二叉树每个结点的度最大为2，故在第 k 层上最大结点数为第 $k-1$ 层上最大结点数的2倍，即 $2 \times 2^{k-2} = 2^{k-1}$ 个结点，则在 $i = k$ 时也成立。由此命题可得证。

性质 2 深度为 k 的二叉树最多有 $2^k - 1$ 个结点,最少有 k 个结点。

证明:设深度为 k 的二叉树的最大的结点数为二叉树中每层上的最大结点数之和。由性质 1 知,二叉树的第 1 层、第 2 层、…、第 k 层上的结点数至多有 $2^0, 2^1, \cdots 2^{k-1}$。深度为 k 的二叉树最多结点数为 $\sum_{i=1}^{k} 2^{i-1} = 2^k - 1$。当其有 $2^k - 1$ 个结点时,该二叉树为满二叉树。

在二叉树中每层都至少有一个结点,所以深度为 k 的二叉树至少有 k 个结点。

性质 3 非空二叉树中的叶子结点数等于度为 2 的结点数加 1。即叶子结点数为 N_0,度为 2 的结点数为 N_2,则 $N_0 = N_2 + 1$。

证明:设度为 $0, 1, 2$ 的结点个数为 N_0, N_1, N_2,则树中结点总数为 N,$N = N_0 + N_1 + N_2$。再看二叉树中的分支数,除根结点之外,每一个结点都会有唯一一个进入分支,设 M 为二叉树中的分支总数,则有 $N = M + 1$。因为这些进入分支都是由度为 1 或者度为 2 的结点射出的,所以又有 $M = N_1 + 2 N_2$。

于是有 $N_0 + N_1 + N_2 = N_1 + 2 N_2 + 1$,即 $N_0 = N_2 + 1$。

性质 4 具有 n 个结点的完全二叉树深度为 $\lfloor \log_2 n \rfloor + 1$。其中符号:$\lfloor x \rfloor$ 表示不大于 x 的最大整数。

证明:设完全二叉树的深度为 k,由二叉树的定义及性质 2 可知:

$$2^{k-1} - 1 < n \leq 2^k - 1 \text{ 或} 2^{k-1} < n \leq 2^k$$

取对数得 $k - 1 < \log_2 n \leq k$,因为 k 是整数,所以有 $k = \lfloor \log_2 n \rfloor + 1$。

性质 5 对具有 n 个结点的完全二叉树按层次编号,对于任意编号为 i 的结点有:

(1)若 $i = 1$,则结点 i 是二叉树的根结点,无双亲;否则,若 $i > 1$,则其双亲结点编号是 $\lfloor i/2 \rfloor$。

(2)如果 $2i > n$,则结点 i 为叶子结点,无左孩子;否则,其左孩子结点编号是 $2i$。

(3)如果 $2i + 1 > n$,则结点 i 无右孩子;否则其右孩子结点编号是 $2i + 1$。

该性质可用数学归纳法证明,请读者自行完成。

5.2.3 二叉树的抽象数据类型

二叉树的抽象数据类型定义如下:

ADTCBinaryTree

Data:D 是具有相同特性的数据元素的集合。

Relation:

若 D 为空,称 CBinaryTree 为空二叉树;否则 R = {H},H 是如下二元关系:

1. 在 D 中存在唯一的称为根的数据元素 root,它在关系 H 下无前驱;

2. D 中元素不为空,则存在 D − {root} = {D_1, D_r},且 $D_1 \cap D_r = \varnothing$;

3. 若 $D_1 \neq \varnothing$,则 D_1 中存在唯一的元素 x_1,$< root, x_1 > \in$ H;若 $D_r \neq \varnothing$,;则 D_r 中存在唯一的 x_r,$< root, x_r > \in$ H,且存在 D_r 上的关系 $H_r \subseteq$ H;H = { $< root, x_1 >$,$< root, x_r >$,H_1, H_r};

4. D 中其余元素可分为两个互不相交的子集,分别为左子树和右子树。

Operation

InitBiTree(&T):构造空二叉树 T。

DestroyBiTree(&T):销毁二叉树 T。

CreateBiTree(&T, definition):按照定义构造二叉树 T。

ClearBiTree(&T):将二叉树 T 清为空树。

IsEmpty(T):若 T 为空二叉树,则返回 TRUE,否则返回 FALSE。

BiTreeDepth(T):返回二叉树 T 的深度。

Root(T):返回二叉树 T 的根。

Value(T, e):返回树 T 中结点 e 的值。

Assign(T, &e, value):结点 e 赋值为 value。

Parent(T, e):若 e 是 T 的非根结点,则返回它的双亲,否则返回"空"。

LeftChild(T, e):返回 e 的左孩子。若 e 无左孩子,则返回"空"。

RightChild(T, e):返回 e 的右孩子。若 e 无右孩子,则返回"空"。

LeftSibling(T, e):返回 e 的左兄弟。若 e 是 T 的左孩子或无左兄弟,则返回"空"。

RightSibling(T, e):返回 e 的右兄弟。若 e 是 T 的右孩子或无右兄弟,则返回"空"。

InsertChild(T, p, LR, c):根据 LR 为 0 或 1,插入 c 为 T 中 p 所指结点的左或右子树。p 所指结点的原有左或右子树则成为 c 的右子树。

DeleteChild(T, p, LR):根据 LR 为 0 或 1,删除 T 中 p 所指结点的左或右子树。

PreOrderTraverse(T, visit( )):先序遍历 T,对每个结点调用函数 visit 一次且仅一次。一旦 visit( )失败,则操作失败。

InOrderTraverse(T, visit( )):中序遍历 T,对每个结点调用函数 visit 一次且仅一次。一旦 visit( )失败,则操作失败。

PostOrderTraverse(T, visit( )):后序遍历 T,对每个结点调用函数 visit 一次且仅一次。一旦 visit( )失败,则操作失败。

LevelOrderTraverse(T, visit( )):层次遍历 T,对每个结点调用函数 visit 一次且仅一次。一旦 visit( )失败,则操作失败。

ADTBinaryTree

5.3　二叉树的存储及实现

二叉树的存储方式主要有顺序存储和链式存储。

5.3.1　二叉树的顺序存储

二叉树的顺序存储就是用一组地址连续的存储单元依次从上到下、从左到右顺序存储二叉树中的结点。由二叉树的性质可以得出将完全二叉树上编号为 i 的结点存储到数组下标为 $i-1$ 的位置,可以通过下标确定结点在逻辑上的父子关系和兄弟关系。图 5.6 给出了一个二叉树及其顺序存储示意图。

数组下标是从 0 开始存储结点的,存储编号为 0 表示不存在的空结点。我们可以发现该存储方式会导致大量存储空间的浪费,当存储的二叉树只有右子树时,浪费情况非常严重,所以顺序存储比较适合存储完全二叉树和满二叉树。

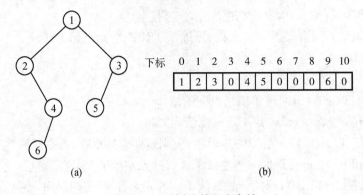

图5.6 二叉树及其顺序存储

（a）一棵二叉树；（b）二叉树的顺序存储

5.3.2 二叉树的链式存储

由于顺序存储方式有时会造成空间浪费，所以一般采用链式存储方式。链式存储的思想是利用一个链表来存储二叉树，每一个结点都用一个链表结点来存储。在二叉树中，结点存放了若干数据域及若干指针域。二叉链表包含 3 个域，即数据域 data、左指针域 lchild 和右指针域 rchild。数据域 data 存储结点的数据信息；左指针域 lchild 存储指向左孩子的指针，当左孩子不存在时为空指针；右指针域 rchild 存储指向右孩子的指针，当右孩子不存在时为空指针。在不同实际情况下可以增加指针域，比如增加指向双亲结点的指针，此时为三叉链表的存储结构。图 5.7 所示为二叉链表和三叉链表的结点结构。图 5.8 所示为二叉树及其链式存储结构。

lchild	data	rchild

（a）

lchild	data	parent	rchild

（b）

图5.7 二叉链表和三叉链表结点结构

（a）二叉链表结点结构；（b）三叉链表结点结构

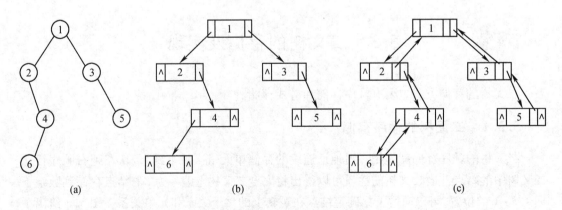

图5.8 二叉树及其链式存储结构

（a）二叉树；（b）二叉链表；（c）三叉链表

二叉链表的存储结构描述如下：

```
typedef struct BTNode_2{
```

TElemType data ;

structBTNode_2　＊Lchild ，＊Rchild ；

⎰BTNode_2 ，＊BiTree；

三叉链表的存储结构描述如下：

typedef struct BTNode_3⎰

TElemType data ；

struct BTNode_3　＊Lchild ，＊Rchild ，＊parent ；

⎰BTNode_3 ，＊BiTree；

使用不同的存储结构,实现二叉树操作算法也不同,因此要根据实际情况来选择合适的存储结构。

5.4　二叉树的遍历和线索化

5.4.1　遍历二叉树

遍历二叉树是指按照某种搜索算法对二叉树中每一个结点访问一次且仅访问一次。访问指的是对结点做某种处理,如修改结点的关键字等。二叉树是由根结点、左子树和右子树组成的,遍历二叉树是指依次遍历这三部分。按照根结点的访问次序可分为先序遍历(NLR)、中序遍历(LNR)和后序遍历(LRN),其中 N 表示根结点,L 表示左子树,R 表示右子树,序是指根结点被访问的次序。

事实上对于二叉树的遍历,可分为递归算法和非递归算法。递归遍历结构非常清晰,但执行效率不高,所以有时需要把递归算法转化为非递归算法,可以借助栈来实现。

1. 先序遍历(NLR)

若二叉树为空,则什么也不做,否则：

(1)访问根结点；

(2)先序遍历左子树；

(3)先序遍历右子树。

先序遍历的递归算法如下：

```
void PreorderTraverse( BTNode ＊T)⎰
    if ( T! = NULL)⎰
        visit( T –> data) ；　//访问根结点
        PreorderTraverse( T –> Lchild) ；　//递归遍历左子树
        PreorderTraverse( T –> Rchild) ；　//递归遍历右子树
    ⎰
⎰
```

如图 5.8(a)中的二叉树,先序遍历得到的结点序列为 1,2,4,6,3,5。

设 T 是指向二叉树根结点的指针变量,非递归算法是：

若二叉树为空,则返回;否则,令 p = T；

(1)访问 p 所指向的结点；

(2)q = p→Rchild,若 q 不为空,则 q 进栈;

(3)p = p→Lchild,若 p 不为空,转(1),否则转(4);

(4)退栈到 p,转(1),直到栈空为止。

非递归算法实现如下:

```
void PreorderTraverse( BTNode * T){
    BTNode * Stack[MAX_NODE] , * p = T, * q ;
    int top = 0 ;
    if ( T == NULL)   printf( "BinaryTreeisEmpty! \n" ) ;
    else { do
                {visit( p -> data ) ; q = p -> Rchild ;
                if ( q! = NULL ) stack[ ++ top] = q ;
                p = p -> Lchild ;
                if ( p == NULL) { p = stack[ top] ; top -- ; }
                }
        while ( p! = NULL) ;
        }
}
```

2. 中序遍历(LNR)

若二叉树为空,则什么也不做,否则:

(1)中序遍历左子树;

(2)访问根结点;

(3)中序遍历右子树。

中序遍历的递归算法如下:

```
void InorderTraverse( BTNode * T){
    if ( T ! = NULL){
        PreorderTraverse(T -> Lchild) ;   //递归遍历左子树
        visit(T -> data) ;   //访问根结点
        PreorderTraverse(T -> Rchild) ;   //递归遍历右子树
    }
}
```

如图 5.8(a)中的二叉树,中序遍历得到的结点序列为 2,4,6,1,3,5。

设 T 是指向二叉树根结点的指针变量,非递归算法是:

若二叉树为空,则返回;否则,令 p = T;

(1)若 p 不为空,p 进栈,p = p→Lchild;

(2)否则(即 p 为空),退栈到 p,访问 p 所指向的结点;

(3)p = p→Rchild,转(1)。

非递归算法实现如下:

```
Status InOrderTraverse_Thr( BiThrTree T,Status( * Visit)( TElemType e)){
    //T 指向头结点,头结点的左链 lchild 指向根结点
    p = T -> lchild ;   //p 指向根结点
```

```
    while（p! = T）{      //空树或遍历结束时,p == T
        while（p -> ltag ==0）   p = p -> lchild;   //沿 p 左链至叶子结点,中序首点
            if（!Visit（p -> data））   return ERROR;   //访问第一个结点,叶结点
        while（p -> rtag == 1 &&p -> rchild! = T）{//p 未指向最后一个结点
                    p = p -> rchild;   Visit（p -> data）;        //访问后继结点
                }
                p = p -> rchild;
                //p 指向当前层的右结点,右子树的根和右子树不为空
                //重新变为新二叉树,再去遍历其左子树
    }
return OK;
}
```

3. 后序遍历(LRN)

若二叉树为空,则什么也不做,否则:

(1)后序遍历左子树;

(2)后序遍历右子树;

(3)访问根结点。

后序遍历的递归算法如下:

```
void PostorderTraverse（BTNode  * T）{
    if（T! = NULL）{
        PreorderTraverse（T -> Lchild）;   //递归遍历左子树
        PreorderTraverse（T -> Rchild）;   //递归遍历右子树
        visit（T -> data）;   //访问根结点
    }
}
```

如图 5.8(a)中的二叉树,后序遍历得到的结点序列为 6,4,2,5,3,1。

关于后序遍历的非递归算法,后序遍历中根结点是最后被访问的,在后序遍历过程中结点要进两次栈,因此要设立一个状态标志变量 tag:

$$tag = \begin{cases} 0:结点不能被访问 \\ 1:结点可以被访问 \end{cases}$$

此外还需要设置两个堆栈 S_1、S_2,S_1 保存结点,S_2 保存结点的状态标志变量 tag。S_1 和 S_2 共用一个栈顶指针。设 T 是指向根结点的指针变量,非递归算法是:

(1)若二叉树为空,则返回;否则令 p = T;

(2)第一次经过根结点 p,不访问;p 进 S_1 栈,tag 赋值 0,进 S_2 栈,p = p→Lchild。

(3)若 p 不为空,转(1),否则取状态标志值 tag;

(4)若 tag = 0,对 S_1 栈不访问、不出栈;修改 S_2 栈栈顶元素值(tag 赋值 1),取 S_1 栈栈顶元素的右子树,p = S_1[top]→Rchild,转(1);

(5)若 tag = 1,S_1 退栈,访问该结点,直到栈空为止。

非递归算法实现如下:

```
void PostorderTraverse( BTNode * T){
        BTNode * S1[MAX_NODE] , * p = T ;
        int S2[MAX_NODE] , top = 0 , bool = 1 ;
        if ( T == NULL) printf("BinaryTreeisEmpty! \n") ;
        else{ do
                    { while ( p! = NULL)
                        {S1[ ++ top] = p ; S2[top] = 0 ;
                          p = p –> Lchild ;
                        }
                      if ( top == 0) bool = 0 ;elseif ( S2[top] == 0)
                        {p = S1[top] –> Rchild ; S2[top] = 1 ; }
                      else{
                          p = S1[top] ; top –– ;
                            visit( p –> data ) ; p = NULL ;
                              //使循环继续进行而不至于死循环
                          }
                      } while ( bool! = 0) ;
                }
}
```

4. 层次遍历

层次遍历二叉树是指从根结点开始,自上而下,自左至右访问树中所有结点。进行层次遍历需要通过队列实现。先将二叉树的根结点入队,然后出队访问该结点,如果它有左子树,则将左子树根结点入队;如果它有右子树,则将右子树根结点入队。然后出队访问出队结点,一直重复直至队列为空。如图5.8(a)中的二叉树,层次遍历得到的结点序列为1, 2,3,4,5,6。

设 T 是指向根结点的指针变量,层次遍历非递归算法是:

若二叉树为空,则返回;否则令 p = T,p 入队;

(1)队首元素出队到 p;

(2)访问 p 所指向的结点;

(3)将 p 所指向的结点的左、右子结点依次入队,直到队空为止。

非递归算法如下:

```
void LevelorderTraverse( BTNode * T){
    BTNode * Queue[MAX_NODE] , * p = T ;
    int front = 0 , rear = 0 ;
    if ( p! = NULL){
        Queue[ ++ rear] = p;      //根结点入队
        while ( front < rear){
            p = Queue[ ++ front]; visit( p –> data ) ;
        If ( p –> Lchild! = NULL)
            Queue[ ++ rear] = p;       //左结点入队
```

```
        if ( p -> Rchild ! = NULL )
            Queue[ ++rear] = p;    //右结点入队
        }
    }
}
```

5. 由遍历序列构造二叉树

由二叉树的遍历可知,一棵二叉树具有唯一的先序序列、中序序列和后序序列,但是不同的二叉树可能具有不同的先序、中序和后序序列。如图 5.9 所示的 5 棵二叉树,先序序列均为 1,2,3。

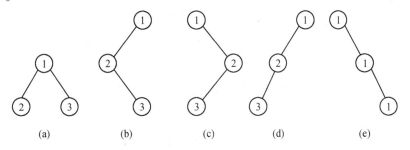

图 5.9　先序序列为 **1,2,3** 的 5 棵不同的二叉树

如图 5.10 所示的 5 棵二叉树,中序序列均为 1,3,2。

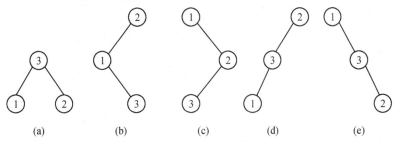

图 5.10　中序序列为 **1,3,2** 的 5 棵不同的二叉树

如图 5.11 所示的 5 棵二叉树,后序序列均为 3,2,1。

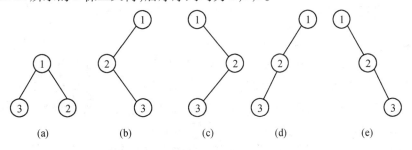

图 5.11　后序序列为 **3,2,1** 的 5 棵不同的二叉树

所以仅通过一个先序序列(或者一个中序序列或者一个后序序列)所画出的二叉树并不唯一。我们可以思考,如果已知某二叉树的先序序列和中序序列,能否画出这棵二叉树

呢？由此画出的二叉树是唯一的吗？答案是肯定的。二叉树的先序遍历是先访问根结点，然后再先序遍历根结点的左子树，最后先序遍历根结点的右子树。所以在先序序列中，第一个结点必定是根结点，而二叉树的中序遍历是先中序遍历根结点的左子树，然后访问根结点，最后再中序遍历根结点的右子树。所以在中序序列中，根结点会将序列分成两部分，前一部分为根结点左子树的中序序列，后半部分是根结点右子树的中序序列。根据这两个子序列，我们可以在先序序列中找到对应的左子序列和右子序列。在先序序列中，左子树序列的第一个结点是左子树的根结点，右子序列的第一个结点是右子树的根结点。根据此规律递归则可画出唯一一棵二叉树。如图 5.12 所示，由先序序列(1,2,3,4,5,6)和中序序列(3,2,1,5,4,6)可画出唯一一棵二叉树。

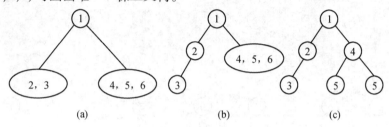

图 5.12   由先序和中序序列画二叉树
(a)确定根结点；(b)确定左子树；(c)确定右子树

构造过程如下：
(1)根据先序序列的第一个元素建立根结点；
(2)在中序序列中找到此元素，并划分出左子序列和右子序列；
(3)根据先序序列确定左右子树的先序序列；
(4)根据左子树的先序序列与中序序列建立左子树，根据右子树的先序序列与中序序列建立右子树。

同样，根据中序序列和后序序列可以唯一确定一棵二叉树，后序遍历是先后序遍历根结点的左子树，然后后序遍历根结点的右子树，最后访问根结点，所以后序序列的最后一个结点是根结点，由此可将中序序列分成两个子序列，类似的过程进行递归即可得到一棵二叉树。

5.4.2　线索二叉树

1.线索二叉树概念及结构

由上一节内容可知，传统的链式存储结构无法直接得到结点在遍历序列中的前驱或后继位置信息，但是在二叉链表中有大量的空指针，我们可以利用这些空指针域来存放前驱和后继指针。这些指向前驱结点和后继结点的指针被称为线索，有线索的二叉树被称为线索二叉树，线索二叉树可以更方便寻找结点前驱和后继信息。

一个具有 N 个结点的二叉树共有 $N+1$ 个空指针，因为每个叶结点都有 2 个空指针，每一个度为 1 的结点有 1 个空指针，总的空指针就有 $2N_0+N_1$，又有 $N_0=N_2+1$，所以总的空指针数为 $N_0+N_1+N_2+1=N+1$。

因此我们规定，结点空的左指针指向该结点在遍历序列中的直接前驱结点，结点空的右指针指向该结点在遍历序列中的直接后继结点，所以还要增加两个指针域存放指针，结点结构如图5.13所示。

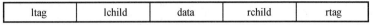

| ltag | lchild | data | rchild | rtag |

图5.13　线索二叉树的结点结构

$$其中\ ltag = \begin{cases} 0 & lchild\ 域指向结点的左孩子 \\ 1 & lchild\ 域指向结点的前驱 \end{cases}$$

$$rtag = \begin{cases} 0 & rchild\ 域指向结点的右孩子 \\ 1 & rchild\ 域指向结点的后继 \end{cases}$$

线索二叉树(图5.14)中的结点结构可以定义如下：

typedef struct BiThrNode{

  TElemType data；

  struct BiTreeNode ＊Lchild ，＊Rchild ；　//左右指针域

  PointerTag Ltag ，Rtag ；　　　　　　//左右标志域

}BiThrNode ；

这种二叉树的存储结构称为线索链表,指向结点前驱和后继的指针称为线索,有线索的二叉树即线索二叉树,对二叉树以某种次序遍历得到的线索二叉树的过程称为线索化。

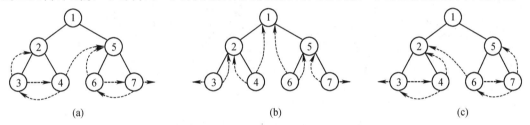

(a)　　　　　　　　　　　　(b)　　　　　　　　　　　　(c)

图5.14　线索二叉树

（a）先序线索树；（b）中序线索树；（c）后序线索树

2.线索二叉树的构造

线索二叉树就是在遍历二叉树的过程中检查当前结点的左右指针域是否为空,若为空,则将它们改成指向前驱结点或后继结点的线索。为了记下遍历过程中访问结点的先后关系,需另设一个指针 pre 始终指向刚刚访问过的结点,而指针 p 指向当前访问的结点,由此记录下遍历过程中访问结点的先后关系。以中序线索化为例,在当前结点 p 非空时所作的处理如下。

（1）左子树线索化。

（2）对空指针线索化:如果 p 的左孩子为空,则给 p 加上左线索,将其 ltag 置为1,让 p 的左孩子指针指向 pre（前驱）;如果 pre 的右孩子为空,则给 pre 加上右线索,将其 rtag 置为1,让 pre 的右孩子指针指向 p（后继）。

（3）将 pre 指向刚访问过的结点 p,即 pre＝p。

（4）右子树线索化。

图 5.15 给出了一个中序线索二叉树的例子。

中序线索化二叉树的递归算法如下：

```
void InThreading( BiThrtTree p ) {
    if ( p ) {
        InThreading( p -> lchild );      //左子树线索化
        if ( !p -> lchild ) {            //左子树为空,指向前驱
            p -> ltag = 1 ;
            p -> lchild = pre ;
        }
        if ( !pre -> rchild ) {   //前驱右孩子为空,前驱右指向当前结点
            pre -> rtag = 1 ;
            pre -> rchild = p ;
        }
        pre = p ;               //保持 pre 指向 p 的前驱,p 后移通过分支
        InThreading( p -> rchild )     //右子树线索化,p 后移一个位置
    }
}
```

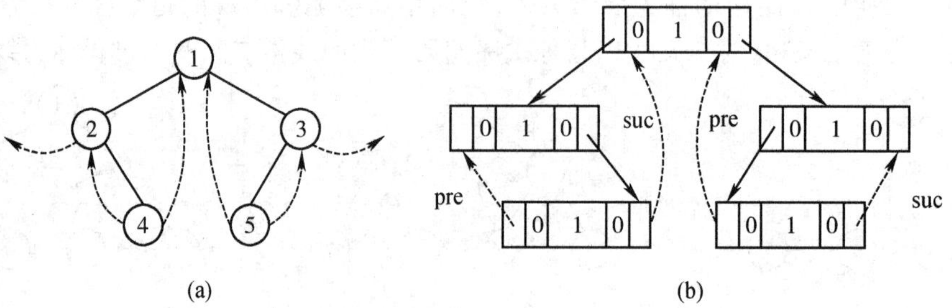

图5.15　中序线索树及其二叉链表示

(a)中序线索树;(b)二叉链表示

5.5　树和森林

5.5.1　树的存储结构

前文提到的存储结构分为顺序存储和链式存储两种。顺序存储结构是用一段地址连续的存储单元依次存储线性表的数据元素,而本小节讨论的树结构则不适用这种结构,因为其具有一对多的结构属性。树中某个结点的孩子可以有多个,这就意味着,无论按何种顺序将树中所有结点存储到数组中,结点的存储位置都无法直接反映逻辑关系。在数组中,数据元素没有办法判断谁是谁的双亲,谁是谁的孩子,所以树结构不能用简单的顺序存储结构来存储实现。

我们可以结合顺序存储和链式存储结构的特点实现对树的存储结构的表示。我们这里要介绍三种不同的表示法,即双亲表示法、孩子表示法、孩子兄弟表示法。

1. 双亲表示法

双亲表示法采用的存储结构是一种顺序存储结构。假设以一组连续空间存储树的结点,同时在每个结点中,附设一个伪指针指示其双亲结点

data	parent

图 5.16　双亲表示法的结点结构

到链表中的位置。也就是说,每个结点除了知道自己是谁以外,还知道它的双亲在哪里。它的结点结构如图 5.16 所示。其中 data 是数据域,存储结点的数据信息;parent 是指针域,存储该结点的双亲所在数组中的下标。

双亲表示法的存储结构描述如下:

typedef struct PTNode{

TElemeType data;　　//结点数据

　　int parent;　　　　//双亲位置

}PTNode;

如图 5.17 所示为树对应的双亲存储结构。

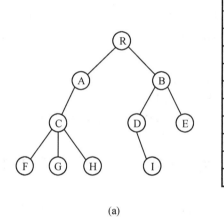

下标	data	parent
0	R	-1
1	A	0
2	B	0
3	C	1
4	D	2
5	E	2
6	F	3
7	G	3
8	H	3
9	I	4

(a)　　　　　　　　　(b)

图 5.17　树的双亲表示法

(a)一棵树;(b)双亲表示

2. 孩子表示法

孩子表示法是把每个结点的孩子结点排列起来,以单链表作为存储结构,则 n 个结点有 n 个孩子链表,如果是叶子结点则此单链表为空。然后 n 个头指针又组成一个线性表,采用顺序存储结构,存放进一个一维数组中。孩子表示法有两种结点结构,即孩子链表的孩子结点和表头数组的表头结点,对应结点结构如图 5.18 所示。

child	next

data	firstchild

(a)　　　　　　　　　(b)

图 5.18　孩子表示法的结点结构

(a)孩子结点;(b)表头结点

对于孩子链表中的孩子结点,child 是数据域,存储某个结点在表头数组中的下标;next 是指针域,存储指向某结点的下一个孩子结点的指针。对于表头数组的表头结点,data 是数据域,存储结点的数据信息;firstchild 是指针域,存储该结点的孩子链表的头指针。

3. 孩子兄弟表示法

前面分别从双亲的角度和从孩子的角度研究树的存储结构,如果我们从树结点的兄弟的角度又会如何呢? 当然,对于树这样的层级结构来说,只研究结点的兄弟是不行的,我们观察后发现,任意一棵树,它的结点的第一个孩子如果存在就是唯一的,它的右兄弟如果存在也是唯一的。因此,设置两个指针,分别指向该结点的第一个孩子和此结点的右兄弟,对应结点结构如图 5.19 所示。

firstchild	data	rightsib

图 5.19 孩子表示法的结点结构

其中,data 是数据域,存储结点的数据信息;firstchild 为指针域,存储该结点的第一个孩子结点的存储地址;rightsib 为指针域,存储该结点的右兄弟结点的存储地址。

这种表示法可以很方便地查找某个结点的某个孩子,只需要通过 firstchild 找到此结点的长子,然后再通过长子结点的 rightsib 找到它的二弟,接着一直下去,直到找到具体的孩子。当然,如果想找某个结点的双亲,此表示法也会很费时间,所以完全可以再增加一个 parent 指针域来解决快速查找双亲的问题。

5.5.2 树的遍历

树的遍历主要有两种方式,即先根遍历和后根遍历。

先根遍历:访问根结点,然后按照从左到右的顺序遍历根结点的每一棵子树。树的先根遍历与二叉树的先序遍历顺序相同。

后根遍历:按照从左到右的顺序遍历根结点的每一棵子树,最后访问根结点。树的后根遍历与二叉树的中序遍历顺序相同。

树也有层次遍历,与二叉树的层次遍历基本思想是一样的,即按层次依次访问各个结点。

5.5.3 森林的遍历

森林的遍历主要有两种方式,即先序遍历和后序遍历。

先序遍历:访问森林中第一棵树的根结点;先序遍历第一棵树中根结点的子树森林;先序遍历除去第一棵树之后剩余的树构成的森林。

中序遍历:中序遍历第一棵树中根结点的子树森林;访问森林中第一棵树的根结点;中序遍历除去第一棵树之后剩余的树构成的森林。

树、森林的遍历和二叉树遍历的对应关系如下表 5.1 所示。

表 5.1 树、森林和二叉树的对应关系

树	森林	二叉树
先根遍历	先序遍历	先序遍历
后根遍历	中序遍历	中序遍历

5.5.4　树、森林与二叉树的转换

通过前文提到的树的孩子兄弟表示法可以看出,根据一定的规则,可以用二叉树结构表示树和森林,这样通过二叉树存储可以实现树的基本操作。

1. 树转换为二叉树

由于二叉树是有序的,为了避免混淆,对于无序树,我们约定树中的每个结点的孩子结点按从上到下,从左到右的顺序进行编号。

树转换成二叉树的步骤如下:

(1)连线:在所有兄弟结点之间加一条连线;

(2)去线:对树中的每个结点,删除所有除了它与第一个孩子结点之间的连线;

(3)调整:以树的根结点为轴心,顺时针旋转整棵树使之结构层次分明。

图 5.20 给出了一棵树转换成二叉树的示例。

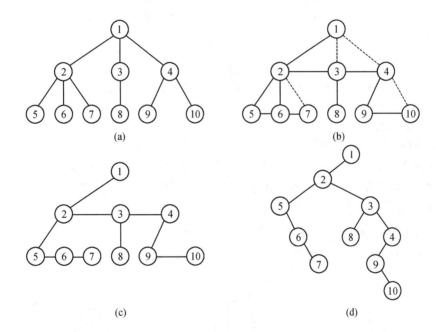

图 5.20　树转换成二叉树

(a)一棵树;(b)连线(表示要删除的线);(c)去线;(d)调整

2. 森林转换为二叉树

森林是由若干棵树组成的,可以将森林中的每棵树的根结点看作是兄弟,根据树转换为二叉树的规则,森林也可以转换为二叉树。

森林转换为二叉树的步骤如下:

(1)将每棵树转换为二叉树;

(2)保持第一棵二叉树不动,从第二棵二叉树开始,依次把后一棵二叉树的根结点作为前一棵二叉树的根结点的右孩子连接,所有的二叉树连接起来后得到的二叉树就是由森林转换得到的二叉树。

图 5.21 给出了一个森林转换成二叉树的示例。

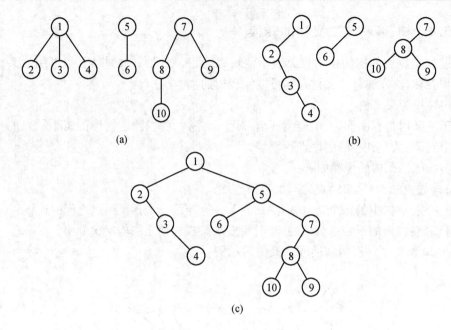

图 5.21　森林转换成二叉树

(a)森林;(b)森林中每棵树转换成二叉树;(c)森林转换得到的二叉树

3.二叉树转换为树

二叉树转换为树是树转换为二叉树的逆过程,其步骤是:

(1)若某结点的左孩子结点存在,将左孩子结点的右孩子结点、右孩子结点的右孩子结点等都作为该结点的孩子结点,将该结点与这些右孩子结点用线连接起来;

(2)删除原二叉树中所有结点与其右孩子结点的连线;

(3)整理前两步得到的树,使之结构层次分明。

图 5.22 给出了二叉树转换成树的示例。

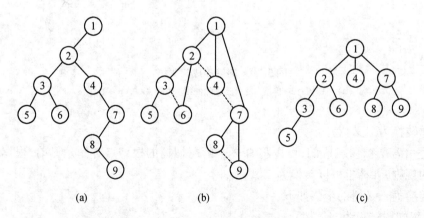

图 5.22　二叉树转换成树

(a)二叉树;(b)连线(虚线表示要删除的线);(c)二叉树转换得到的树

4.二叉树转换为森林

二叉树转换为森林比较简单,其步骤如下:

（1）先把每个结点与右孩子结点的连线删除，得到分离的二叉树；

（2）把分离后的每棵二叉树转换为树。

图 5.23 给出了二叉树转换成森林的示例。

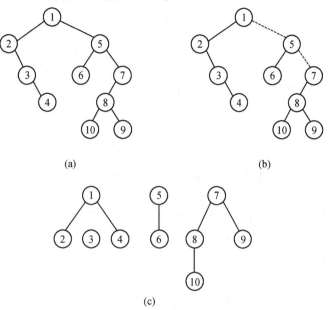

(a)

(b)

(c)

图 5.23　二叉树转换成森林

（a）二叉树；（b）去线（虚线表示要删除的线）；（c）二叉树转换得到的森林

5.6　树的应用——哈夫曼树

5.6.1　哈夫曼树的基本概念及构造

哈夫曼树也称最优树，是一种带权路径长度最短的树，在实际生活中的应用非常广泛。本节主要讨论的是最优二叉树，首先介绍几个基本概念。

叶子结点的权值：对叶子结点赋予的一个有意义的数值量。

树的路径长度：从树根到每一个叶子结点的路径长度的总和，一棵完全二叉树就是具有相同数量叶子结点的树中具有最短路径长度的一种。

将上述概念进行推广，若考虑带权的叶子结点，叶子结点的带权路径长度为该结点的路径长度与该结点上权的乘积。树的带权路径长度为树中所有叶子结点的带权路径长度之和，通常记作

$$\text{WPL} = \sum_{k=1}^{n} w_k \, l_k$$

其中，w_k 为第 k 个叶子结点的权值；l_k 为从根结点到第 k 个叶子结点的路径长度。

例如，给定 4 个叶子结点 a，b，c，d，权值分别为 7，5，2，4，可以构造出几种不同的二叉树。图 5.24 中给出了 3 种二叉树，其带权路径长度分别为

（1）$WPL = 7 \times 2 + 5 \times 2 + 2 \times 2 + 4 \times 2 = 36$

（2）$WPL = 7 \times 3 + 5 \times 3 + 2 \times 1 + 4 \times 2 = 46$

（3）$WPL = 7 \times 1 + 5 \times 2 + 2 \times 3 + 4 \times 3 = 35$

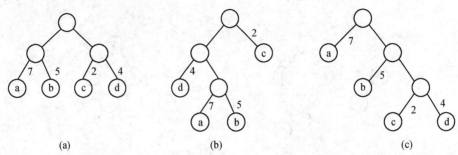

图 5.24　具有不同带权长度的二叉树

其中（3）的带权路径长度最小，可以验证，它恰为哈夫曼树。

从上面的例子可以看出，一组叶子结点可以构造出具有不同形状和不同带权路径长度的多个二叉树，那么，如何得到哈夫曼树呢？根据定义可以推出，若想要一棵二叉树的带权路径长度最小，需要使权值大的叶子结点路径长度尽可能小，即权值越大的叶子结点越要靠近根结点。根据这个特点，哈夫曼提出了构造哈夫曼树的哈夫曼算法，下面举个例子来进行说明，假设有 4 个带有权值分别为 2，3，4，5 的叶子结点，构造哈夫曼树规则为如下

（1）将这四个叶子结点看成是有 4 棵树的森林（每棵树仅有一个结点）；

（2）在森林中选出两个根结点的权值最小的树合并，作为一棵新树的左、右子树，且新树的根结点权值为其左、右子树根结点权值之和；

（3）从森林中删除用来合并的两棵树，并将合并成的新树加入森林；

（4）重复（2）（3）步，直到森林中只剩一棵树为止，该树即为所求得的哈夫曼树。

具体过程如图 5.25 所示。

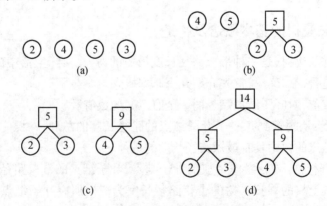

图 5.25　构造哈夫曼树

（a）初始化；（b）第 1 次合并；（c）第 2 次合并；（d）第 3 次合并

由上述构造过程可以看出，哈夫曼树中所有的非叶子结点度均为 2。由二叉树的性质可以得出，具有 n 个叶子结点的二叉树共有 $2n-1$ 个结点，其中 $n-1$ 个非叶子结点正是在 $n-1$ 次合并中产生的。

5.6.2 哈夫曼编码

在计算机实际应用中,为了节约存储空间,经常要对数据进行无损耗压缩。哈夫曼编码作为一种一致性编码法(又称"熵编码法"),可用于数据的无损耗压缩。其具体做法是,根据每一个源字符出现的估算概率建立一张特殊的编码表,其中出现概率高的字符使用较短的编码,出现概率低的则使用较长的编码,这样使编码之后的字符串的平均期望长度降低。利用这张编码表将压缩前的数据进行编码,从而达到无损压缩数据的目的。这种方法是由 David. A. Huffman 发展起来的。例如,在英文中,e 的出现概率很高,而 z 的出现概率则最低。当利用哈夫曼编码对一篇英文进行压缩时,e 极有可能用 1 个位来表示,而 z 则可能花去 25 个位(不是 26)。用普通的表示方法时,每个英文字母均占用一个字节,即 8 个位。二者相比,e 使用了一般编码的 1/8 的长度,z 则使用了 3 倍多。若能实现对于英文中各个字母出现概率的较准确的估算,就可以大幅度提高无损压缩的比例。

然而,如果编码设计得不合理,反而会对解码造成困难。假设有 a,b,c,d,e 五个字符,出现的频率分别为 7,5,3,3,2,若采取 {0,1,01,10,11} 这样的编码方案,对于字符串"aabacd",编码后为"00100110",对其进行解码,可以得到"acaaea""aadcd"等不同解码结果,这是不合理的,因此,若要将源字符设计成不等长度的编码,还必须要考虑到解码的唯一性。如果一组编码中任一编码都不是其他任何一个编码的前缀,我们称这组编码为前缀编码。前缀编码能够保证编码在解码时具有唯一性。

哈夫曼树可以用来进行不等长编码的构造,若有字符集 $D_1,D_2,\cdots,D_n$,它们在源码中出现的频率分别为 $w_1,w_2,\cdots,w_n$,那么,以 $d_1,d_2,\cdots,d_n$ 作为叶子结点,$w_1,w_2,\cdots,w_n$ 作为叶子结点对应的权值,进行哈夫曼树的构造。规定哈夫曼树向左的分支代表 0,向右的分支代表 1,将从根结点到每个叶子结点所经过的路径记录下来作为该叶子结点对应字符的编码,称为哈夫曼编码。

对于上面的例子,图 5.26 给出了哈夫曼编码树以及哈夫曼编码表。

字符	频率	编码
a	7	11
b	5	00
c	3	01
d	3	101
e	1	100

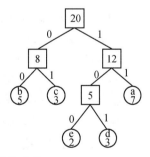

图 5.26 哈夫曼编码树及编码表

哈夫曼编码的解码过程非常简单,将编码串从左到右与编码表中的编码进行匹配,若匹配成功,则确定该字符。从哈夫曼树的角度来说,从根结点开始,根据编码串中的 01 确定下一步应该选择左分支还是右分支,这样持续下去直到找到一个叶子结点,然后再回到根结点对下一个字符进行确定。

在哈夫曼编码树中,树的带权路径长度代表各个字符的编码长度与该字符出现的频率的乘积,这样得到的结果即为所有字符编码后的平均长度,所以使用哈夫曼树构造的编码是字符编码后平均长度最小的一种。由于哈夫曼树的每个字符都代表树中的一个叶子结点,而树中每个结点的路径都具有唯一性,所以一个字符的哈夫曼编码不可能是另一字符的哈夫曼编码前缀,这就保证了编码的唯一性。

哈夫曼编码算法如下:

```
void HuffmanCoding(HuffmanTree &HT, HuffmanCode &HC, int * w, int n){
    //w 存放 n 个字符的权值(均 >0),构造赫夫曼树 HT
    //求出 n 个字符的赫夫曼编码 HC
    if ( n <=1 ) return;
    m =2 * n −1;  //n 个叶子 2n −1 个结点
    HT = (HuffmanTree)malloc((m +1) * sizeof(HTNode));   //0 单元不用
    for (p = HT +1,i =1;i <= n; ++i, ++p, ++w) * p ={ * w,0,0,0};
        //为 HT 的 n 个叶子赋权值
    for ( ; i <= m; ++i, ++p) * p ={0,0,0,0};
            //HT 的后 n −1 个结点赋值,即 n 个结点的未来双亲结点
    for (i = n +1;i <= m; ++i){   //建哈夫曼树
        //在 HT[1..i−1]选择 parent 为 0 且 weight 最小的两个结点,
        //其序号分别为 s1 和 s2
        Select(HT, i −1, s1, s2); //i 的值也随着赋值,逐步下移;
        HT[s1]. parent = i;   HT[s2]. parent = i;   //当前序号 i 即为 s1,s2 的双亲
        HT[i]. lchild = s1; HT[i]. rchild = s2;   //s1 是 i 的左孩子,s2 是 i 的右孩子
        HT[i]. weight = HT[s1]. weight + HT[s2]. weight;   //i 的权是 s1 与 s2 的和
    }


    // −−−−−− 从叶子到根逆向求每个字符的赫夫曼编码 −−−−−−−
    HC = (HuffmanCode)malloc((n +1) * sizeof(char *));
        //分配 n 个字符编码的头指针向量,0 下标不用
    cd = (char *) malloc(n * sizeof(char));     //分配求编码的工作空间
    cd = [n −1] = "\0";      //编码结束符
    for (i =1;i <= n; ++i){     //逐个字符(叶子)求编码
        Start = n −1;     //编码结束符位置
    for (c = i,f = HT[i]. parent;f! =0;c = f,f = HT[f]. parent)
            //从叶子到根逆向求编码
    if (HT[f]. lchild == c) cd[ −− start] = "0";
    else cd[ −− start] = "1";
    HC[i] = (char *)malloc((n − start) * sizeof(char));
    strcpy(HC[i],&cd[start]);
    }
    free(cd);
}
```

5.7　本 章 小 结

本章知识框架如下：

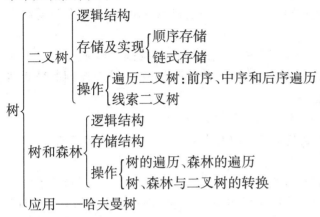

【例题精解】

例5.1　从概念上讲,树、森林和二叉树是三种不同的数据结构,请说明将树、森林转化为二叉树的基本目的,并指出树和二叉树的主要区别,树形结构和线形结构的区别。

解析:树的孩子兄弟链表表示法和二叉树二叉链表表示法本质是一样的,只是解释不同,也就是说树(树是森林的特例,即森林中只有一棵树的特殊情况)可用二叉树唯一表示,并可使用二叉树的一些算法去解决树和森林中的问题。

树和二叉树的区别如下:一是二叉树的度至多为2,树无此限制;二是二叉树有左右子树之分,即使在只有一个分支的情况下,也必须指出是左子树还是右子树,树无此限制;三是二叉树允许为空,树一般不允许为空。

树形结构和线形结构对照如表5.2所示。

表5.2　树形结构和线形结构对照表

线形结构	树形结构
存在唯一的没有前驱的"首元素"	存在唯一的没有前驱的"根结点"
存在唯一的没有后继的"尾元素"	存在多个没有后继的"叶子"
其余元素均存在唯一"前驱元素"和唯一的"后继元素"	其余结点均存在唯一的"前驱(双亲)结点"和多个"后继(孩子)结点"

例5.2　在顺序存储的二叉树中,给出编号为 i 和 j 的两个结点处在同一层的条件。

解析:在顺序存储的二叉树中,要按完全二叉树和非完全二叉树的形式存储时,要加"虚结点"。设编号为 i 和 j 的结点在顺序存储中的下标为 s 和 t ,则结点 i 和 j 在同一层上的条件是 $\lfloor \log_2 s \rfloor = \lfloor \log_2 t \rfloor$ 。

例5.3　一棵完全二叉树上有 1 001 个结点,求其叶子结点的个数。

解析:由二叉树结点的公式可得总结点数 $N = N_0 + N_1 + N_2 = 2N_0 + N_1 - 1$,又因为 $N = 1 001$,所以 $1 002 = 2N_0 + N_1$,在完全二叉树树中, N_1 只能取 0 或 1 ,在本题中只能取 0,

故 $N = 501$。

例 5.4 试求有 n 个叶结点的非满的完全二叉树的高度。

解析：设完全二叉树中叶子结点数为 n，则根据完全二叉树的性质，度为 2 的结点数是 $n-1$，而完全二叉树中，度为 1 的结点数至多为 1，所以具有 n 个叶子结点的完全二叉树结点数是 $2n$ 或 $2n-1$（有或没有度为 1 的结点）。同时由于具有 $2n$ 个结点的完全二叉树的深度是 $\lfloor \log_2 n \rfloor + 1$，故 n 个叶结点的非满的完全二叉树的高度是 $\lfloor \log_2 n \rfloor + 1$（最下层结点数 $\geq$ 2）。

例 5.5 求一棵左子树为空的二叉树在先序线索化后的空链域的个数。

解析：左子树为空的二叉树的根结点的左线索为空（无前驱），先序序列的最后结点的右线索为空（无后继），共 2 个空链域。

例 5.6 求 n 个结点的线索二叉树上含有的线索数。

解析：线索二叉树是利用二叉树的空链域加上线索，所以 n 个结点的二叉树有 $n+1$ 个空链域。

例 5.7 已知二叉树的中序序列及前序序列能唯一地建立二叉树，试问中序序列及后序序列是否也能唯一地建立二叉树，不能则说明理由，若能，则对中序序列 DBEAFGC 和后序序列 DEBGFCA 构造二叉树。

证明：当 $n=1$ 时，只有一个根结点，由中序序列和后序序列可以确定这棵二叉树。

设当 $n=m-1$ 时结论成立，现证明当 $n=m$ 时结论成立。

设中序序列为 $S_1, S_2, \cdots, S_m$，后序序列是 $P_1, P_2, \cdots, P_m$。因后序序列最后一个元素 P_m 是根，则在中序序列中可找到与 P_m 相等的结点（设二叉树中各结点互不相同）$S_i (1 \leq i \leq m)$，因中序序列是由中序遍历而得，所以 S_i 是根结点，$S_1, S_2, \cdots, S_{i-1}$ 是左子树的中序序列，而 S_{i+1}，$S_{i+2}, \cdots, S_m$ 是右子树的中序序列。

若 $i=1$，则 S_1 是根，这时二叉树的左子树为空，右子树的结点数是 $m-1$，则 $\{S_2, S_3, \cdots, S_m\}$ 和 $\{P_1, P_2, \cdots, P_{m-1}\}$ 可以唯一确定右子树，从而也确定了二叉树。

若 $i=m$，则 S_m 是根，这时二叉树的右子树为空，左子树的结点数是 $m-1$，则 $\{S_1, S_2, \cdots, S_m\}$ 和 $\{P_1, P_2, \cdots, P_{m-1}\}$ 唯一确定左子树，从而也确定了二叉树。

当 $1 < i < m$ 时，S_i 把中序序列分成 $\{S_1, S_2, \cdots, S_{i-1}\}$ 和 $\{S_{i+1}, S_{i+2}, \cdots, S_m\}$。由于后序遍历是"左子树—右子树—根结点"，所以 $\{P_1, P_2, \cdots, P_{i-1}\}$ 和 $\{P_i, P_{i+1}, \cdots, P_{m-1}\}$ 是二叉树的左子树和右子树的后序遍历序列。因而由 $\{S_1, S_2, \cdots, S_{i-1}\}$ 和 $\{P_1, P_2, \cdots, P_{i-1}\}$ 可唯一确定二叉树的左子树，由 $\{S_{i+1}, S_{i+2}, \cdots, S_m\}$ 和 $\{P_i, P_{i+1}, \cdots, P_{m-1}\}$ 可唯一确定二叉树的右子树。由中序序列 DBEAFGC 和后序序列 DEBGFCA 构造的二叉树如图 5.27 所示：

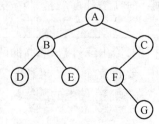

图 5.27 例 5.7 的图

例 5.8 设某二叉树的前序遍历序列为 ABCDEFGGI，其中序遍历序列为 BCAEDGHFI：

(1)试画出该二叉树；

（2）写出由给定的二叉树的前序遍历序列和中序遍历序列构造出该二叉树的算法；

（3）设具有四个结点的二叉树的前序遍历序列为 abcd；S 为长度等于 4 的由 a,b,c,d 排列构成的字符序列,若任取 S 作为上述算法的中序遍历序列,试问是否一定能构造出相应的二叉树,为什么？

解：（1）如图 5.28 所示。

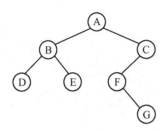

图 5.28　例 5.8 的图

（2）设二叉树的前序遍历序列为 $P_1,P_2,\cdots,P_m$,中序遍历序列为 $S_1,S_2,\cdots,S_m$。因为前序遍历是"根左右",中序遍历是"左根右",则前序遍历序列中第一个结点是根结点（P_1）。在中序序列中查询到 $S_i=P_i$,根据中序遍历时根结点将中序序列分成两部分的原则,有：

若 $i=1$,即 $S_1=P_1$,则这时的二叉树没有左子树；否则,$S_1,S_2,\cdots,S_{i-1}$ 是左子树的中序遍历序列,用该序列和前序序列 $P_2,P_3,\cdots,P_i$ 去构造该二叉树的左子树；

若 $i=m$,即 $S_m=P_1$,则这时的二叉树没有右子树；否则,$S_{i+1},S_{i+2},\cdots,S_m$ 是右子树的中序遍历序列,用该序列和前序序列中 $P_i,P_{i+1},\cdots,P_m$ 去构造该二叉树的右子树。

（3）若前序序列是 abcd,并非由这四个字母的任意组合（$4!=24$）都能构造出二叉树。因为以 abcd 为输入序列,通过栈只能得到

$$1/(n+1)\times 2n!/(n!\times n!)=14$$

即以 abcd 为前序序列的二叉树的数目是 14。任取以 abcd 作为中序遍历序列,并不全能与前序的 abcd 序列构成二叉树,例如若取中序列 dcab 就不能。

例 5.9　已知一棵二叉树的中序（或中根）遍历结点排列为 DGBAECHIF,后序（或后根）遍历结点排列为 GDBEIHFCA。

（1）试画出该二叉树；

（2）试画出该二叉树的中序穿线（或线索）树；

（3）试画出该二叉树（自然）对应的森林。

解：如图 5.29 所示。

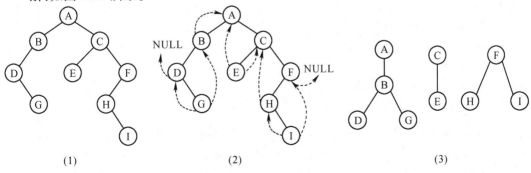

（1）　　　　　　　　　　　（2）　　　　　　　　　　　（3）

图 5.29　例 5.9 的图

例5.10 假定用于传输的电文仅由 8 个字母$C_1,C_2,\cdots,C_8$组成,各个字母在电文中出现的频率分别为 5,25,3,6,10,11,36,4,试为这 8 个字母设计哈夫曼编码树。

解:如图 5.30 所示。

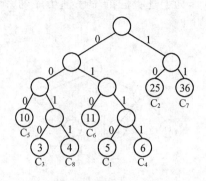

图 5.30 例 5.10 的图

虽然哈夫曼树的带权路径长度是唯一的,但形态不唯一。本题中各字母编码如下:

C_1:0110 C_2:10 C_3:0010 C_4:0111 C_5:000 C_6:010 C_7:11 C_8:0011

例5.11 统计二叉树中叶子结点的个数。

解析:先序(或中序或后序)遍历二叉树,在遍历过程中查找叶子结点并计数,即需在遍历算法中增添一个"计数"的参数,并将算法中"访问结点"的操作改为:若是叶子,则计数器增 1。代码如下:

```
void CountLeaf ( BiTree T, int &count ) {
    if ( T ) {
        if ( ( !T -> lchild ) && ( !T -> rchild ) )
                count ++ ;   // 对叶子结点计数
        CountLeaf( T -> lchild , count ) ;
CountLeaf( T -> rchild , count ) ;
    }
}
```

注意:调用本函数之前预置实参 count 为 0。

例5.12 求二叉树的深度。

解析:首先分析二叉树的深度和它的左、右子树深度之间的关系:若二叉树为空树,则深度为 0;否则,二叉树的深度应为其左、右子树深度的最大值加 1。由此,需先分别求得左、右子树的深度。代码如下:

```
int Depth ( BiTree T ) {
    if ( !T )      depthval = 0;
    else {
    depthLeft = Depth( T -> lchild ) ;
    depthRight = Depth( T -> rchild ) ;
    depthval = 1 + ( depthLeft > depthRight ? depthLeft : depthRight ) ;
    }
    return depthval ;
}
```

本题也可以从另一种角度分析二叉树的深度,即分析二叉树的深度和结点"层次"间的关系。从二叉树深度的定义还可知,二叉树的深度即为其叶子结点所在层次的最大值。由此,可通过遍历求得二叉树中所有结点的"层次",从中取其最大值。算法中需引入一个计结点层次的参数 dval。代码如下:

```
void Depth( BiTree T , int level, int &hval){
if ( T ) {
if ( level > hval)    hval = level;
Depth( T −> lchild, level +1 , hval );
Depth( T −> rchild, level +1 , hval );
    }
}
```

注意:调用之前层次数 level 的初值为 1,深度 hval 的初值为 0。

例 5.13　假设给定一个和二叉树中数据元素有相同类型的值,在已知二叉树中进行查找,若存在和给定值相同的数据元素,则返回函数值为 TRUE,并用引用参数返回指向该结点的指针;否则返回函数值为 FALSE。

解析:若二叉树为空树,则二叉树上不存在这个结点,返回 FALSE,否则,和根结点的元素进行比较。若相等,则找到,即刻返回指向该结点的指针和函数值 TRUE,从而查找过程结束,否则,在左子树中进行查找(递归)。若找到,则返回 TRUE,否则,返回在右子树中进行查找的结果。因右子树中查找的结果即为整个查找过程的结果,即若找到,返回的函数值为 TRUE,并且已经得到指向该结点的指针,否则返回的函数值为 FALSE。代码如下:

```
bool Locate ( BiTree T, ElemType x, BiTree &p) {
    //存在和 x 相同的元素,则 p 指向该结点并返回 TRUE
    //否则 p = NULL 且返回 FALSE
    if( !T){     // 空树中不存在该结点
        p = NULL;
        return FALSE;}
    else{
        if ( T −> data == x){     // 找到所求结点
            p = T; return TRUE; }
        if ( Locate(T −> Lchild,x,p))
return TRUE;    // 在左子树中找到该结点
        else return( Locate( T −> Rchild,x,p));
        //返回在右子树中查找的结果
    }
}
```

练 习

5.1 已知算术表达式的中缀形式为 $A+B*C-D/E$，后缀形式为 $ABC*+DE/-$，求其前缀形式。

5.2 设树 T 的度为 4，其中度为 1，2，3 和 4 的结点个数分别为 4，2，1，1。求 T 中的叶子数。

5.3 在下述结论中，正确的是(　　　)

①只有一个结点的二叉树的度为 0。

②二叉树的度为 2。

③二叉树的左右子树可任意交换。

④深度为 K 的完全二叉树的结点个数小于或等于深度相同的满二叉树。

5.4 若一棵二叉树具有 10 个度为 2 的结点，5 个度为 1 的结点，求度为 0 的结点个数。

5.5 设森林 F 中有三棵树，第一、第二、第三棵树的结点个数分别为 M_1、M_2 和 M_3。求与森林 F 对应的二叉树根结点的右子树上的结点个数。

5.6 求有 n 个叶子的哈夫曼树的结点总数。

5.7 一棵二叉树高度为 h，所有结点的度为 0 或为 2，求这棵二叉树最少有多少个结点。

5.8 将有关二叉树的概念推广到三叉树，求有 244 个结点的完全三叉树的高度。

5.9 若二叉树采用二叉链表存储结构，要交换其所有分支结点左、右子树的位置，利用哪种遍历方法最合适？

5.10 一棵二叉树的前序遍历序列为 ABCDEFG，求它的中序遍历序列。

5.11 已知某二叉树的后序遍历序列是 DABEC，中序遍历序列是 DEBAC，求它的前序遍历。

5.12 已知二叉树的先序遍历为 EFHIGJK，中序遍历为 HFIEJKG。求该二叉树根的右子树的根。

5.13 求一棵左子树为空的二叉树在先序线索化后空的链域的个数。

5.14 若 X 是二叉中序线索树中一个有左孩子的结点，且 X 不为根，求 X 的前驱。

5.15 引入二叉线索树的目的是什么？

5.16 求 n 个结点的线索二叉树上含有的线索数。

5.17 下述编码中哪一个不是前缀码？(　　　)

A. (00,01,10,11)　　　　　　　　　　B. (0,1,00,11)

C. (0,10,110,111)　　　　　　　　　　D. (1,01,000,001)

5.18 设计算法交换二叉树中所有结点的左右子树。

5.19 在二叉树中设计算法统计元素值大于 e 的结点个数。

5.20 设计算法，统计一棵二叉树中所有非叶结点的数目及其深度。

5.21 设计算法，返回二叉树 T 的先序序列的最后一个结点的指针，要求采用非递归形式，且不许用栈。

习题选解

5.1 其前缀形式为：$-+A*BC/DE$。

5.2 叶子数为 8。

5.3 正确说法是①和④。

5.4 度为 0 的结点个数是 11。

5.5 结点个数是 M_2+M_3。

5.6 有 n 个叶子的哈夫曼树的结点总数为 $2n-1$。

5.7 二叉树最少有 $2n-1$ 个结点。

5.8 完全三叉树的高度为 6。

5.9 用后序遍历方法最合适。

5.10 中序遍历序列是 ABCDEFG。

5.11 前序遍历是 CEDBA。

5.12 该二叉树根的右子树的根是 G。

5.13 左子树为空的二叉树的根结点的左线索为空(无前驱)，先序序列的最后结点的右线索为空(无后继)，共 2 个空链域。

5.14 X 的前驱为 X 的左子树中最右结点。

5.15 引入二叉线索树的目的是加快查找结点的前驱或后继的速度。

5.16 线索二叉树是利用二叉树的空链域加上线索，n 个结点的二叉树有 $n+1$ 个空链域。

5.17 B。

5.18 算法如下：
```
void exchg_tree( BiTre  * T) {  //采用后序遍历交换每一个结点的左右子树
   if ( BT) {  //非空
   exchg_tree( BT -> lchild) ;  //交换左子树所有结点指针
   exchg_tree( BT -> rchild) ;  //交换右子树所有结点指针
   p = BT -> lchild;              //交换根结点左右指针
   BT -> lchild = BT -> rchild; BT -> rchild = p;
   }
}
```

5.19 算法如下：
```
int Count_e ( BiTree T, int &count, int e )  {  //递归求以孩子左右子树中的个数
   if ( T) {  //非空
   if ( T -> data > e)    count ++ ;
   Count_e ( t -> lchild, count, e) ;  //左子树递归
   Count_e ( t -> rchild, count, e) ; //右子树递归
   }
}
```

5.20 算法如下：
```
void Count( BiTree bt, int level,&n, &depthval) {
```

//统计二叉树 bt 上非叶子结点数 n、二叉树深度为 depthval

```
    if ( BT) { //非空
    if ( bt -> lchild! = null || bt -> rchild! = null)   n ++ ;//非叶子结点
    if ( level > depthval)   depthval = level;   //统计深度
    Count( bt -> lchild, level + 1, n, depthval) ;
    Count( bt -> rchild, level + 1, n, depthval) ;
    }
}
```

5.21 算法如下:

```
BiTree LastNode( BiTree bt) {
    BiTreep = bt;
    if( bt == null)   return( null) ;
        else while( p)
        if ( p -> rchild)  p = p -> rchild;
        elseif ( p -> lchild)  p = p -> lchild;
            else return( p) ;
}
```

第6章 图

图是一种比线性表和树更为复杂的数据结构,在图状结构中,任意两个结点之间的关系都是任意的,结点之间的邻接关系也是任意的。所以图可以用来描述各种数据对象,可应用于人工智能、遗传学等各种领域。

本章介绍了图的逻辑结构、存储结构及实现方法、图的遍历、最小生成树、最短路径和有向无环图。

6.1 图的逻辑结构

6.1.1 图的定义和基本术语

1.图的定义

图(Graph)是由顶点的有穷非空集合和顶点之间边的集合组成,通常表示为:$G = (V, E)$,其中,G 表示一个图,V 是图 G 中顶点的集合,E 是图 G 中边的集合。图中的数据元素我们称为顶点(Vertex),顶点集合有穷非空。在图中,任意两个顶点之间都可能有关系,顶点之间的逻辑关系用边来表示,边集可以是空的。

2.图的基本术语

图按照边有无方向分为无向图和有向图。

无向边:若顶点 v 到 w 之间的边没有方向,则称这条边为无向边。顶点 v 和顶点 w 之间的边记为 (v,w) 或 (w,v),v 和 w 互为邻接点,边 (v,w) 或 (w,v) 依附于顶点 v 和 w。

无向图:若 E 是无向边的有限集合时,图 G 为无向图。

有向边:若顶点 v 到 w 之间的边有方向,则称这条边为有向边,也称为弧。顶点 v 到顶点 w 的弧记为 (v,w),其中 v 为弧尾,w 为弧头,称 v 邻接到 w。

有向图:若 E 是有向边的有限集合时,图 G 为有向图。无向图是一种特殊的有向图。

如图 6.1 所示为有向图和无向图示例。

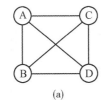 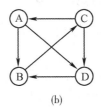

(a)   (b)

图6.1 有向图和无向图

(a)无向图;(b)有向图

图6.1(a)是一个无向图,记为 G_1, $G_1 = (V_1, E_1)$, $V_1 = \{A, B, C, D\}$, $E_1 = \{<A, B>, <A, C>, <A, D>, <B, C>, <B, D>, <C, D>\}$。图6.1(b)是一个有向图,记为 G_2, $G_2 = (V_2, E_2)$, $V_2 = \{A, B, C, D\}$, $E_2 = \{<A, B>, <A, D>, <C, A>, <C, D>, <B, C>, <D, B>\}$。

完全图、有向完全图:完全图是指图中任意两个顶点之间都有边,即共有 $n \times (n-1)/2$ 条边。有向完全图是指图中任意两个顶点之间都有两条方向互异的弧,即共有 $n \times (n-1)$ 条弧。

稀疏图、稠密图:按照图中边或弧的多少划分为稀疏图和稠密图,边或弧数很少的称为稀疏图,边或弧数很多的称为稠密图。

路径、路径长度和回路:若图中顶点 v_1 和顶点 v_2 之间存在一个顶点序列 $v_1, v_{i1}, v_{i2}, v_{i3}, \cdots, v_2$,则称顶点 v_1 和顶点 v_2 之间存在一条路径,在路径中顶点不重复出现的称为简单路径。路径最终回到起始顶点则称为环或回路,除第一个和最后一个顶点外,其余顶点不重复出现的称为简单回路。若图中有 n 个顶点,且有大于 $n-1$ 条边,则该图中一定存在回路。路径上边的数目称为路径长度。

连通图和连通分量:若图中顶点 v_1 和顶点 v_2 之间存在一条路径,则称两个顶点是连通的;若图中任意两个顶点都是连通的,则称此图为连通图。在有向图中若顶点 v_1 到顶点 v_2 和顶点 v_2 到顶点 v_1 均存在路径,则称两个顶点是强连通的;若图中任意两个顶点都是强连通的,则称此图为强连通图。无向图的极大连通子图称为连通分量,有向图的极大强连通子图称为强连通分量。如果一个图有 n 个顶点且有小于 $n-1$ 条边,则此图一定是非连通图。

度、入度和出度:图中顶点所关联的边的数目称为顶点的度,记为 $TD(V)$。对于有向图来说,顶点的度又分为出度 $OD(V)$ 和入度 $ID(V)$。出度 $OD(V)$ 是指以 v 为弧尾的弧的数目,入度 $ID(V)$ 是指以 v 为弧头的弧的数目。顶点的度等于其入度和出度之和。如图6.1(b)中顶点 A 的度是3,其中出度是2,入度是1。无向图中所有顶点的度的和等于所有边数的2倍,有向图中所有顶点的出度之和等于入度之和。

网:若图中的每个边或者弧都带有一个具有某种含义的数值(称为权值),则称此图为网。

生成树、生成森林和有向树:若没有重复的边且没有顶点到自身的边,则称为简单图。对于连通图 G,包含其全部 n 个顶点和足以构成一棵树的 $n-1$ 条边的极小连通子图称为连通图 G 的生成树,但有 $n-1$ 条边的图不一定是生成树。在非连通图中,连通分量的生成树构成了一个非连通图的生成森林。有一个顶点的入度为0,其余顶点的入度均为1的有向图称为有向树。

6.1.2 图的抽象数据类型

图的抽象数据类型定义如下:

ADT Graph

Data

$V = \{v_i \mid v_i \in dataobject\}$

$E = \{(v_i, v_j) \mid v_i, v_j \in v \land P(v_i, v_j)\}$

Operation

CreatGraph($*G, V, VR$):按照顶点集 V 和边集 VR 的定义构造图 G。

DestroyGraph(* G):销毁图 G。

LocateVex(G,u):返回顶点 u 在图 G 中的位置。

GetVex(G,v):返回图 G 中顶点 v 的值。

PutVex(G,v,value):将 value 值赋给顶点 v。

FirstAdjVex(G, * v):返回顶点 v 的第一个邻接点,若无邻接点则返回空。

NextAdVex(G,v, * w):返回顶点 v(相对于顶点 w)的下一个邻接点,若 w 是 v 最后一个邻接点,则返回空。

InsertVex(* G,v):在图 G 中插入新的顶点 v。

DeleteVex(* G,v):删除图 G 中的顶点 v 及其相关联的弧。

InsertArc(* G,v,w):在图 G 中添加新的弧 < v,w >,若图 G 是无向图,还需要增加对称弧 < w,v >。

DeleteArc(* G,v,w):在图 G 中删除弧 < v,w >,若图 G 是无向图,还需要删除对称弧 < w,v >。

DFSTraverse(G):对图 G 进行深度优先遍历。

HFSTraverse(G):对图 G 进行广度优先遍历。

end ADT

6.2   图的存储及实现

根据图的不同结构和算法,可以采用不同的存储方式。图的存储方式有两种,即邻接矩阵和邻接表,前者是顺序存储,后者是链式存储。

6.2.1   邻接矩阵

邻接矩阵就是用一个一维数组存放顶点集,一个二维数组存放边集,存储顶点间邻接关系的二维数组称为邻接矩阵。有 n 个结点数的图 $G = (V,E)$,$V = \{v_1,v_2,v_3,\cdots,v_n\}$,其邻接矩阵 A 是 $n \times n$ 的,矩阵元素为

$$A[i][j] = \begin{cases} 1, (v_i,v_j) \text{或} <v_i,v_j> \text{是} E(G) \text{中的边} \\ 0, (v_i,v_j) \text{或} <v_i,v_j> \text{不是} E(G) \text{中的边} \end{cases}$$

若图 G 是带权的,则矩阵可定义如下:

$$A[i][j] = \begin{cases} w_{ij}, (v_i,v_j) \text{或} <v_i,v_j> \text{是} E(G) \text{中的边} \\ 0 \text{或} \infty, (v_i,v_j) \text{或} <v_i,v_j> \text{不是} E(G) \text{中的边} \end{cases}$$

其中,W_{ij} 表示边 (v_i,v_j) 或 $<v_i,v_j>$ 上的权值。

有向图、无向图和网对应的邻接矩阵如图 6.2 所示。

图的邻接矩阵存储结构定义如下:

```
typedef struct ArcCell {
    VRType adj;          //顶点关系类型,权值
    InfoType    * info;      //该弧相关信息的指针
    }
typedef struct {
```

Vertex Typevexs［MAX_VERTEX_NUM］;//顶点向量

adj Matrixarcs;   //邻接矩阵

int vexnum, arcnum;   //顶点数和弧数

   }

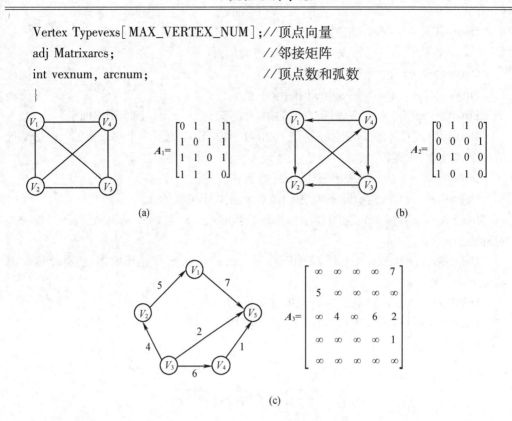

(a)

(b)

(c)

图6.2　无向图、有向图及网的邻接矩阵

(a)无向图 G_1 及其邻接矩阵 A_1 ;(b)有向图 G_2 及其邻接矩阵 A_2 ;(c)网及其邻接矩阵 A_3

图的邻接矩阵存储表示法有以下特点:

(1)无向图的邻接矩阵一定是对称的,有向图的邻接矩阵不一定对称。因此用邻接矩阵存储有 n 个顶点的无向图时,只需要 $n\times(n-1)/2$ 个存储单元,存储有 n 个顶点的有向图时,需要 n^2 个存储单元。

(2)无向图邻接矩阵的第 i 行(或第 j 列)的非零元素(或非 ∞ 元素)个数是第 i 个顶点的度;有向图邻接矩阵的第 i 行(或第 j 列)的非零元素(或非 ∞ 元素)个数是第 i 个顶点的出度 $OD(V_i)$ (或入度 $ID(V_i)$)。

(3)用邻接矩阵存储图可以很方便地确认图中任意两个顶点之间是否有边。

6.2.2　邻接表

稠密图很适合用邻接矩阵存储,但是对于稀疏图来说,邻接矩阵的存储方式会浪费极大的存储空间,因此考虑另一种存储结构——邻接表。邻接表有两种结点结构表示,如图6.3所示。

顶点表由顶点域(data)和指向第一条邻接边的边表头指针域(firstarc)构成,边表是由邻接点域(adjvex)和指向下一条邻接边的指针域(nextarc)构成。对于网络图的边表需增设一个域用来存放权值,结构如图6.4表示。图6.5给出了无向图和有向图的邻接表示例。

对于无向图的邻接表表示法,顶点的度可以很容易得到,第 i 个单链表中的结点个数就是顶点 V_i 的度。但是对于有向图的邻接表表示,第 i 个单链表中的结点个数就仅是顶点 V_i 的出度,而顶点的入度只能通过访问每一条单链表计算得到,因此引入了逆邻接表的概念。

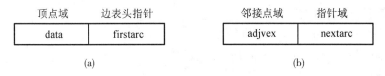

图 6.3　邻接表的结点结构

（a）顶点表；（b）边表

邻接点域	权值	指针域
adjvex	info	nextarc

图 6.4　网络图的边表结构

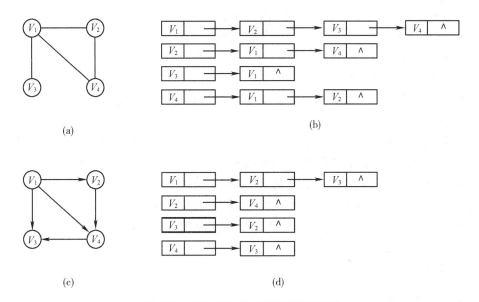

图 6.5　无向图和有向图的邻接表示例

（a）无向图 G_3；（b）G_3 的邻接表；（c）有向图 G_4；（d）G_4 的邻接表

逆邻接表与邻接表的概念类似,有向图的邻接表是把所有邻接自某个顶点的所有顶点串起来构成一条单链表,而逆邻接表是把所有邻接到某个顶点的所有顶点串起来构成一条单链表。

如图 6.6 所示给出了一个有向图的逆邻接表示例。

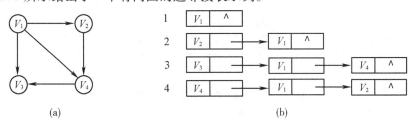

图 6.6　有向图的逆邻接表示例

（a）有向图 G_5；（b）G_5 的逆邻接表

图的邻接表存储结构定义如下：

```
typedef struct ArcNode {        //表结点
    int adjvex;    //该弧所指向顶点的位置
    InfoType   * info；   //权值
    struct ArcNode   * next；
} ArcNode；
    typedef struct VertexNode {        //头结点
    VertexType data；      // 顶点信息
    ArcNode   * first_v；  //边表的头指针
} VertexNode；
    typedef struct {        //图
    VertexNode adjlist[M]；      // 顶点数组
    int vexnum, arcnum；        // 图的顶点数和弧数
} LinkdeGraph；
```

图的邻接表存储表示法有以下特点：

①图的邻接表表示法并不唯一，建立邻接表的算法不同以及边的输入次序也不同使得各边结点的链接次序可任意。

②若无向图有 n 个顶点，e 条边，则它的邻接表一共有 n 个头结点和 $2e$ 个表结点，所以用邻接表表示稀疏图将会节省很大的存储空间。

③对无向图来说，邻接表的顶点 i 对应的 i 号链表的边结点数正好是顶点 i 的度；对有向图来说，邻接表的顶点 i 对应的 i 号链表的边结点数目仅仅是顶点 i 的出度。

④在建立邻接表时，若输入的顶点信息是顶点的编号，则建立邻接表的复杂度为 $O(n+e)$，否则需通过查找才能得到顶点在图中的位置，则时间复杂度为 $O(n \times e)$，因此当 $e < n^2$ 时，采用邻接表表示更节省时间。

6.2.3　十字链表

十字链表是用来存储有向图的一种邻接表和逆邻接表结合的存储方式，它把每一条边的边结点分别组织到以弧尾顶点为头结点的链表和以弧头顶点为头顶点的链表，结点结构如图 6.7 所示。

顶点值域	指针域	指针域
data	firstin	firstout

(a)

尾域	头域	指针域	指针域	权值
tailvex	headvex	hlink	tlink	info

(b)

图 6.7　十字链表的顶点结点和弧顶点

（a）顶点结点；（b）弧结点

顶点结点结构一共有 3 个域，data 域存放顶点的数据信息，firstin 和 firstout 两个指针域指向以该顶点为弧头或弧尾的第一个弧结点。

弧结点结构一共有 5 个域,其中尾域(tailvex)和头域(headvex)指示弧尾和弧头在图中的位置,指针域 hlink 指向弧头相同的下一条弧,指针域 tlink 指向弧尾相同的下一条弧,权值 info 存放该弧的相关信息即权值。如图 6.8 给出了有向图的十字链表表示法示例。

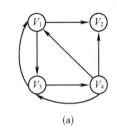

(a)

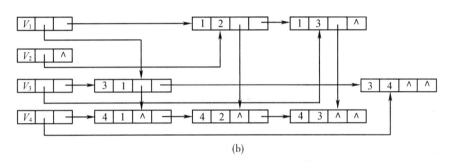

(b)

图 6.8　十字链表的顶点结点和弧顶点

(a)有向图 G_6;(b)G_6 的十字链表

十字链表存储结构定义如下:

```
typedef struct ArcNode {      //弧结点
    int tailvex , headvex;      //弧尾、弧头结点的下标
    struct ArcNode * headlink , * taillink ;
    //指向弧头相同和弧尾相同的下一条弧的链域
    infoType    * info;      //弧中所含的信息
} ArcNode;
typedef struct VertexNode {      //顶点结点的定义
    int index;      //下标值
    VertexType data;      //顶点内容
    ArcNode    * firstout , * firstin;      //顶点的第一条出弧和入弧
} VertexNode;
    typedef struct {      //十字链表存储结构的有向图定义
    VertexNode vertices[ MaxVex ];
    Int vexnum , arcnum;      //图的顶点数和弧数
} OLGraph ;
```

十字链表表示法可以很容易计算出顶点的出度和入度,其时间复杂度与邻接表是相同的。因此,在有向图应用中十字链表是非常好的数据结构模型。

6.2.4　邻接多重表

在无向图的邻接表表示法中,每条边的两个边结点分别在以该边所依附的两个顶点为头结点的链表中,即每个结点都出现了两次,使得图的某些操作不便,即如果想要删除某条边,需要遍历两个边表,进行两次删除操作。因此提出了邻接多重表的概念,使得整张表中边结点只出现一次,既可节省空间,又可方便操作。

邻接多重表的存储结构和十字链表十分类似,也是由顶点表和边表组成的,结构如图6.9所示。

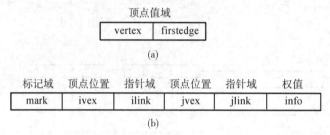

图 6.9　邻接多重表的顶点结点和弧顶点
(a)顶点表结点结构;(b)边表结点结构

其中顶点表的 vertex 域存放顶点的相关信息,firstedge 域存放指向该顶点的第一条边。边表的 mark 域存放访问标记,可用来标记该边是否被访问过;ivex 和 jvex 是该条边依附的两个顶点在图中的位置;ilink 指向下一条依附于顶点 ivex 的边;jlink 指向下一条依附于顶点 jvex 的边;info 为指向和边相关的各种信息的指针域,结构如图6.10所示。

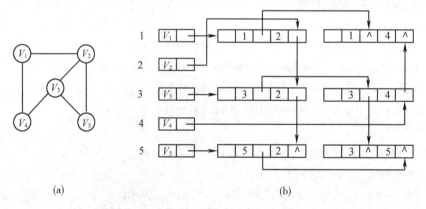

图 6.10　邻接多重表的顶点结点和弧顶点
(a)无向图 G_7;(b)G_7 的邻接多重表

在含有 e 条边的无向图的邻接多重表中,边结点个数为 e,每个结点(包括顶点结点)所射出的箭头数为 $2e$。

邻接多重表存储结构定义如下:

```
typedef struct ArcNode {      //边表定义
    bool mark;       //访问标记
    int ivex ,jvex;      //边的两个结点位置
```

```
    struct EdgeNode * ilink, *jlink ;        //依附于两个顶点的下一条边
    infoType    * info ;      //指针信息
| ArcNode ;
    typedef struct VertexNode |        //顶点表定义
    VertexType data ;       //顶点信息
    ArcNode   * firstedge ;       //第一条依附于该顶点的边
| VertexNode ;
    typedef struct |      //十字链表存储结构的有向图定义
    VertexNode adjmulist[MaxVex] ;
    int vexnum, arcnum ;      //图的顶点数和边数
| MTGraph ;
```

6.3　图的遍历和应用

图的遍历是图的最基本的操作,图的许多其他操作都是建立在遍历操作的基础之上。对于一个给定的无向图 $G = (V, E)$ 和 $v \in V(G)$,希望从图 G 中的某个顶点 v 出发访问图 G 中所有的顶点。当 G 是一个连通无向图时,从图 G 中任一顶点 v 出发按照某种顺序访问所有顶点,使得每个顶点被访问且只被访问一次,这一过程称为图的遍历。

图的遍历要比树的遍历复杂,因为图的结构比树的结构要复杂,图中任一顶点都可能与其余顶点相邻接,在访问了某个顶点之后,可能沿着某条路径又访问一次该顶点。为了避免这种重复访问的情况,必须对每个被访问过的顶点做标记。可以建立一个数组 mark,其元素 $mark[i]$ $(1 \le i \le n)$ 表示顶点 i 是否被访问过,初始化 mark 各元素为 0,遍历过程中若顶点 i 被访问过,则置 $mark[i] = 1$。

6.3.1　图的优先搜索算法

常见的图的遍历方式有两种,即深度优先搜索(Depth First Search)和广度优先搜索(Breach First Search)。

1. 深度优先搜索算法(DFS)

图的深度优先搜索算法类似于树的先序遍历,其搜索策略就是尽可能"深"地搜索一个图。它从图中某个结点 v 出发,访问此顶点,然后从 v 的未被访问的邻接点出发深度优先遍历图,直至图中所有和 v 有路径相通的顶点都被访问到。若图中尚有顶点未被访问,则另选图中一个未曾被访问的顶点作起始点,重复上述过程,直至图中的所有顶点都被访问到为止。给定一个具有 n 个顶点的连通图 $G = (V, E)$,从图 G 中任取一个顶点 v 出发,深度优先搜索进行遍历的过程如下:

(1)访问指定的起始点 v,搜索与 v 相邻接的未被访问过的任一顶点 v';

(2)若顶点 v' 存在,则以顶点 v' 作为起点,深度优先搜索进行遍历;

(3)若顶点 v' 不存在(或已被访问过),依次退回上一个未被访问的邻接顶点处,以此未被访问过的邻接顶点开始重复上述过程,直到所有的顶点都被访问过。

如图 6.11(a)的无向图 G_8,从顶点 V_1 出发进行深度遍历,可得到遍历序列 $V_1, V_3, V_2,$

V_4,V_5。如图 6.11(b)的有向图 G_9,从顶点 V_1 出发进行深度遍历,可得到遍历序列 V_1,V_3,V_4,V_2,V_5。

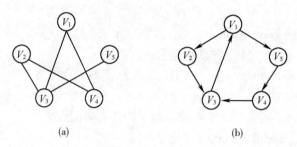

(a)   (b)

图 6.11 连通图示例

(a)无向图 G_8;(b)有向图 G_9

可以看出,深度优先搜索遍历过程是一个递归过程,其算法如下:

```
void DFST raverse( Graph G, Status ( * Visit)( int v) ) {
    VisitFunc  =  Visit;
for ( v = 0; v < G. vexnum; ++v)
    visited[ v]  =  FALSE;              //初始化标志数组
    for ( v = 0; v < G. vexnum; ++v)
if ( !visited[ v])   DFS( G, v);     // 对尚未访问的顶点调用 DFS
}
void DFS( Graph G, int v) {
    visited[ v]  =  TRUE;    VisitFunc( v);
for( w = FirstAdjVex( G, v);
        w! = 0; w = NextAdjVex( G,v,w))
    if ( !visited[ w])   DFS( G, w); // 对尚未访问的邻接顶点递归调用 DFS
}
```

2. 广度优先搜索算法(BFS)

图的广度优先搜索算法类似于二叉树的层次遍历,其搜索策略是从图中某个结点 v 出发,访问此顶点,接着访问 v 的未被访问的邻接点,然后依次访问 v 的邻接点的未被访问的邻接点,重复上述过程,直至图中的所有顶点都被访问到为止。给定一个具有 n 个顶点的连通图 $G = \{V,E\}$,从图 G 中任取一个顶点 v 出发,广度优先搜索进行遍历的过程如下:

(1)访问指定的起始点 v,搜索与 v 相邻接的未被访问过的任一顶点 v',依次访问与 v 相邻接的顶点 w_1,w_2,$\cdots$,w_i;

(2)依次访问 w_1,w_2,$\cdots$,w_i 相邻接的顶点 x_{11},x_{12},$\cdots$,x_{21},x_{22},$\cdots$,x_{ii};

(3)从 x_{11},x_{12},$\cdots$,x_{21},x_{22},$\cdots$,x_{ii} 出发访问它们所有未被访问过的邻接点,重复上述过程,直到所有的顶点都被访问过。

如图 6.11(a)的无向图 G_8,从顶点 V_1 出发进行广度优先搜索,可得到遍历序列 V_1,V_3,V_4,V_2,V_5。如图 6.11(b)的有向图 G_9,从顶点 V_1 出发进行广度优先搜索,可得到遍历序列 V_1,V_2,V_5,V_3,V_4。

广度优先搜索的算法如下所示:

```
void BFSTraverse( Graph G, Status ( * Visit)(int v)) {
    for ( v = 0; v < G. vexnum; ++v)
        visited[v] = FALSE;   //初始化访问标志
    InitQueue(Q);            //置空的辅助队列 Q
    for ( v = 0; v < G. vexnum; ++v)
        if ( !visited[v] ) {   //v 尚未访问,保证访问所有结点
            visited[v] = TRUE;  Visit(v);      //访问 u
            EnQueue(Q, v);  //v 入队列
            while ( !QueueEmpty(Q)) {
                DeQueue(Q, u);  // 队头元素出队并置为 u
                for ( w = FirstAdjVex(G, u); w! = 0; w = NextAdjVex(G,u,w))
                    //访问所有 u 未访问的邻接点
                    if ( !visited[w] ) {
                        visited[w] = TRUE;  Visit(w);
                        EnQueue(Q, w);  //访问的顶点 w 入队列
                    }
            }
        }
}
```

6.3.2　最小生成树

对于连通图 G,包含其全部 n 个顶点和足以构成一棵树的 $n-1$ 条边的极小连通子图称为连通图 G 的生成树,生成树上各边的权值之和称为生成树的代价,代价最小的生成树称为最小生成树。

求解最小生成树在实际应用领域具有很强的现实意义,比如要在 n 个城市之间建立通信网,连通 n 个城市只需要 $n-1$ 条线路,如何以最经济的方式连通这 n 个城市就是求解最小生成树问题。不难看出,最小生成树具有如下性质:

(1)最小生成树不唯一。当图 G 中各边权值互不相等时,G 的最小生成树是唯一的;若无向连通图 G 的边比顶点数少1,即 G 本身就是一棵树时,G 的最小生成树就是它本身;

(2)最小生成树的边的权值之和是唯一的;

(3)最小生成树的边数为顶点数减1。

构造最小生成树有很多种算法,大多数都采用了最小生成树的如下性质:

假设 $G = \{V, \{E\}\}$ 是一个带权连通图,U 是顶点集 V 的一个非空子集,若 (u,v) 是一条具有最小权值的边,其中 $u \in U, v \in (V-U)$,则存在一棵包含边 (u,v) 的最小生成树。

证明:假设图 G 的任何一棵最小生成树都不包含 (u,v),设 T 是连通图上的一棵最小生成树,当将边 (u,v) 加入到 T 中时,由生成树的定义,T 中必存在一条包含 (u,v) 的回路。另一方面,由于 T 是生成树,则在 T 上必存在另一条边 (u',v'),其中 $u' \in U, v' \in V-U$,且 u 和 u' 之间,v 和 v' 之间均有路径相通。删去边 (u',v'),便可消除上述回路,同时得到另一棵生成树 T'。因为 (u,v) 的权值不高于 (u',v'),则 T' 的权值亦不高于 T,T' 是包含 (u',v') 的一棵最小生成树,由此和假设矛盾。

常见的构造最小生成树的算法有普里姆算法(Prim)和克鲁斯卡尔算法(Kruskal)。

1. 普里姆算法(Prim)

普里姆算法是典型的选点法,它是按逐个将顶点连通的方式来构造最小生成树的。

从连通网络 $G = \{V, E\}$ 中的某一顶点 v_0 出发,选择与它邻接的具有最小权值的边 (v_0, v_1) 并加入到生成树的边集合 TE 中,将其顶点加入到生成树的顶点集合 U 中。从所有 $u \in U, v \in (V-U)$($V-U$ 表示除去 U 的所有顶点)的边中选取权值最小的边 (u, v),将顶点 v 加入集合 U 中,将边 (u, v) 加入集合 TE 中,如此重复执行,直到网络中的所有顶点都加入到生成树顶点集合 U 中为止。步骤如下:

(1)初始状态,TE 为空,$U = \{v_0\}$,$v_0 \in V$;

(2)在所有 $u \in U, v \in V-U$ 的边 $(u, v) \in E$ 中找一条代价最小的边 (u', v') 并入 TE,同时将 v' 并入 U;

(3)重复执行步骤(2)$n-1$ 次,直到 $U = V$ 为止。

如下图 6.12 给出了一个普里姆算法求解生成树的过程。

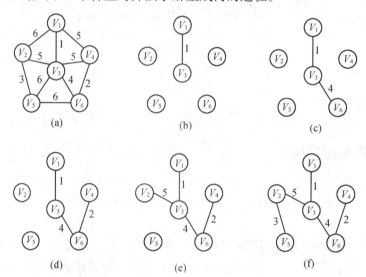

图 6.12　普里姆算法求解生成树示例

算法实现如下:

```
MSTEdge *Prim_MST(AdjGraph *G, int u) {
    //从第 u 个顶点开始构造图 G 的最小生成树
    MSTEdgeTE[];    //存放最小生成树 n-1 条边的数组指针
    int j, k, v, min;
    for (j = 0; j < G->vexnum; j++) {    //初始化数组 closedge[n]
        closedge[j].adjvex = u;
        closedge[j].lowcost = G->adj[j][u];
    }
    closedge[u].lowcost = 0;    //初始时置 U = {u}
    TE = (MSTEdge *)malloc((G->vexnum - 1) * sizeof(MSTEdge));
    for (j = 0; j < G->vexnum - 1; j++) {
```

```
            min = INFINITY ;
            for ( v = 0 ; v < G – > vexnum ; v ++ )
                if ( closedge[ v ]. lowcost！= 0&&closedge[ v ]. Lowcost < min ) {
                    min = closedge[ v ]. lowcost ; k = v ; }
            TE[ j ]. vex1 = closedge[ k ]. adjvex ;
            TE[ j ]. vex2 = k ;
            TE[ j ]. weight = closedge[ k ]. lowcost ;
            closedge[ k ]. lowcost = 0 ;    //将顶点 k 并入 U 中
            for ( v = 0 ; v < G – > vexnum ; v ++ )
                if ( G – > adj[ v ][ k ] < closedge[ v ]. lowcost ) {
                    closedge[ v ]. lowcost = G – > adj[ v ][ k ] ;
                    closedge[ v ]. adjvex = k ;
                } //修改数组 closedge[ n ]的各个元素的值
        }
    return( TE ) ;
}
```

假设连通图有 n 个顶点,普里姆算法的时间复杂度为 $O(n^2)$,因此它适用于稠密图求解最小生成树。

2. 克鲁斯卡尔算法(Kruskal)

克鲁斯卡尔算法是典型的选边法,它是按权值的递增次序选择合适的边来构造最小生成树的。

连通网络 $G = \{V, E\}$,首先选择图中具有最小权值的边(v_0, v_1)并加入到生成树的边集合 TE 中,然后从剩下的边中继续选择权值最小的边,如果新加入的边不会使得生成树 TE 形成回路,则加入 TE,如此重复执行,直到 TE 中含有 $n – 1$ 条边为止。其具体步骤如下:

(1)置 U 的初始状态等于 V(所有顶点), TE 的初始状态为空;

(2)将图 G 中所有边按权值从小到大顺序排列,依次选择最小权值的边,如果新加入的边不会使得生成树 TE 形成回路,则加入 TE,否则舍弃选择下一条;

(3)重复执行步骤,直到 TE 中包含 $n – 1$ 条边为止。

图 6.13 给出了一个普里姆算法求解生成树的过程。

算法实现如下:

```
MSTEdge  ∗ Kruskal_MST( ELGraph  ∗ G) {
    //用 Kruskal 算法构造图 G 的最小生成树
    MSTEdgeTE[ ] ;
    int j, k, v, s1, s2, Vset[ ] ;
    WeightType w ;
    Vset = ( int  ∗ )malloc( G – > vexnum ∗ sizeof( int ) ) ;
    for ( j = 0 ; j < G – > vexnum ; j ++ )
        Vset[ j ] = j ;   //初始化数组 Vset[ n ]
        sort( G – > edgelist ) ;   //对表按权值从小到大排序
        j = 0 ; k = 0 ;
```

```
while ( k < G – > vexnum – 1&&j < G – > edgenum ) {
    s1 = Vset[ G – > edgelist[ j ]. vex1 ] ;
    s2 = Vset[ G – > edgelist[ j ]. vex2 ] ;
    //若边的两个顶点的连通分量编号不同,边加入到 TE 中
    if ( s1 ! = s2 ) {
        TE[ k ]. vex1 = G – > edgelist[ j ]. vex1 ;
        TE[ k ]. vex2 = G – > edgelist[ j ]. vex2 ;
        TE[ k ]. weight = G – > edgelist[ j ]. weight ;k ++ ;
        for ( v = 0 ; v < G – > vexnum ; v ++ )
            if ( Vset[ v ] = = s2 ) Vset[ v ] = s1 ;
    }
    j ++ ;
}
free ( Vset ) ;
return ( TE ) ;
}
```

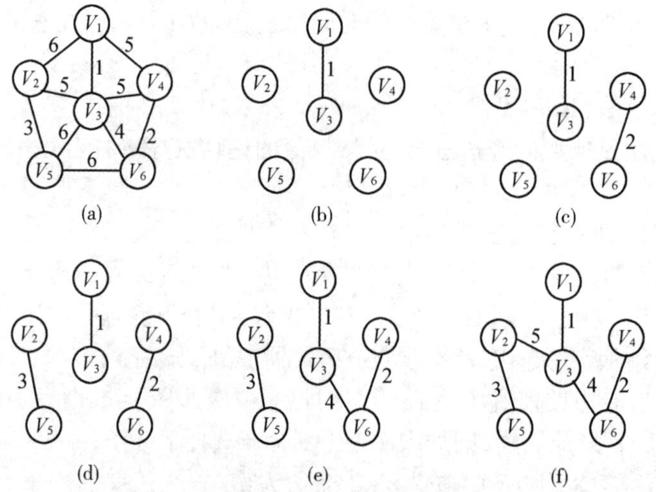

图 6.13　克鲁斯卡尔算法求解生成树示例

6.3.3　最短路径

若用带权图表示交通网,图中顶点表示城市,边代表城市之间有直接通路,边上的权值表示路程(或所花费用或时间),从一个地方到另一个地方的路径长度表示该路径上各边的权值之和。在这个城市网中任意城市 A 和城市 B 是否有通路? 如果有很多通路,哪条路径是最短或耗费最小? 该问题即求解最短路径问题。

在网络中,从某个顶点 V 出发到达某个顶点 W 之间存在若干路径中选择权值最小的路径即最短路径。如下图 6.14(a)中顶点 V_1 到顶点 V_5 的最短路径是 V_1V_5,路径长度为 1;图 6.14(b)中顶点 V_1 到顶点 V_5 的最短路径是 $V_1V_4V_3V_5$,路径长度是 60。一般讨论最多的是有向网络中的最短路径问题。

求解最短路径一般有两种方法:一类是单源最短路径,即求图中某一顶点到其他各顶

点的最短路径;另一类是求每一对顶点间的最短路径。

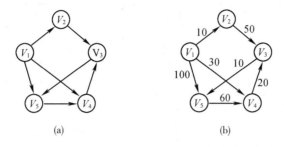

图 6.14　有向图最短路径示例

1. 单源最短路径

常用的求解单源最短路径的方法是 Dijkstra 算法,该算法是由荷兰计算机科学家迪克斯特拉于 1959 年提出的,因此又叫迪克斯特拉算法。该算法主要特点是以起始点为中心向外层层扩展,直到扩展到终点为止,是一种按路径长度递增次序产生最短路径的算法,即先求出长度最小的一条最短路径,然后求出长度第二小的最短路径,依此类推,直到求出长度最长的最短路径。

设 $G = \{V, E\}$ 是一个带权有向图,设 S 为已求出的顶点集合(初始时只含有源点 V_1),$T = V - S$ 表示尚未确定的顶点集合,设一个具有 n 个元素的一维数组 $\mathrm{dist}[\ ]$,$\mathrm{dist}[i]$ 记录从源点 V_1 到 V_i 的最短路径长度,算法步骤如下:

(1)初始时令 $S = \{V_1\}$,$T = V - S = $(其余顶点),$T$ 中顶点对应的距离值,若存在 $<V_1, V_i>$,$\mathrm{dist}[i]$ 为 $<V_1, V_i>$ 弧上的权值;若不存在 $<V_1, V_i>$,$\mathrm{dist}[i]$ 为 ∞;

(2)从 T 中选取一个与 S 中顶点有关联边且权值最小的顶点 w,加入到 S 中;

(3)对其余 T 中顶点的距离值进行修改,若加进 w 作中间顶点,从 V_1 到 V_i 的距离值缩短,则修改此距离值;

(4)重复上述步骤(2)(3),直到 S 中包含所有顶点为止。

如图 6.15 所示的有向网 G_{10},用 Dijkstra 算法求解从源点 V_1 到其他各顶点的最短路径,过程如表 6.1 所示。

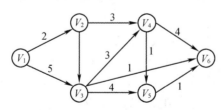

图 6.15　有向网 G_{10}

表 6.1　V_1 到各顶点的 dist 值和最短路径的求解过程

顶点	第 1 趟	第 2 趟	第 3 趟	第 4 趟	第 5 趟
V_2	$(V_1, V_2)2$				
V_3	$(V_1, V_3)5$	$(V_1, V_2, V_3)3$			
V_4	∞	$(V_1, V_2, V_4)5$	$(V_1, V_2, V_4)5$	$(V_1, V_2, V_4)5$	

表 6.1(续)

顶点	第1趟	第2趟	第3趟	第4趟	第5趟
V_5	∞	∞	$(V_1,V_2,V_3,V_6)4$		
V_6	∞	∞	$(V_1,V_2,V_3,V_5)7$	$(V_1,V_2,V_3,V_5)7$	$(V_1,V_2,V_4,V_5)7$
S	(V_1,V_2)	(V_1,V_2,V_3)	(V_1,V_2,V_3,V_6)	(V_1,V_2,V_3,V_6,V_4)	$(V_1,V_2,V_3,V_6,V_4,V_5)$

人们可能只希望找到从源点到某一特定点的最短路径,但这个问题与求解源点到其他所有顶点的最短路径一样复杂,其时间复杂度也为 $O(V^2)$,而如果要找到所有结点对之间的最短距离,则需要对每个结点运行一次 Dijstra 算法,即时间复杂度为 $O(V^3)$。值得注意的一点是,如果边的权值为负,则 Dijstra 算法并不适用。

用 Dijkstra 求有向网的最短路径的算法如下:求有向网 G 的 v_0 顶点到其余顶点 v 的最短路径 $P[v]$ 及带权长度 $D[v]$,若 $P[v][w]$ 为真,则 w 是从 v_0 到 v 当前求得最短路径上的顶点,$final[v]$ 为真当且仅当 v 属于 S,即已经取得从 v_0 到 v 的最短路径。

算法代码实现如下:

```
void ShortestPath_DIJ(MGraph G,int V0,PathMatrix &P,ShortPathTable &D) {
    for (V = 0; V < G. vexnum; ++V) {        //初始化每个结点相关变量
        final[V] = FALSE;  D[V] = G. arcs[V0][V];      //V0到V有弧则赋权值
        for (w = 0; w < G. vexnum; ++w)       //设空路径
            P[V][w] = FALSE;  //V 到 w 无路径
        if (D[V] < INFINITY)
            {p[V][V0] = TRUE; P[V][V] = TRUE;}
    }
D[V0] = 0;  final[V0] = TRUE;   //初始化,V0顶点属于 S 集
        //开始主循环,每次求得V0到某个 V 顶点的最短路径,并加 V 到 S 集
for (i = 0; i < G. vexnum; ++i) {//其余 G. vexmun - 1 个顶点
            min = INFINITY;   //当前所知离V0最近的距离
for (w = 0; w < G. vexnum; ++w)         //找 {minD[w]}
    if (! final[w])   //如果 w 没加入 S
    if (D[w] < min)   //w 顶点离V0顶点更近
        { V = w;   min = D[w];}
    final[V] = TRUE;   //离V0最近的 V 加入 S 集
for (w = 0; w < G. vexnum; ++w)   //更新当前最短路径及距离
        if (! final[w] &&(min + G. arcs[V][w] < D[w])) {   //修改 D[w]和 P[w]
        D[w] = min + G. arcs[V][w];
P[w] = P[V];   P[w][w] = TRUE;
        }
    }
}
```

2. 顶点间的最短路径

常用的求解单源最短路径的方法是 Floyd 算法，Floyd 算法又称为插点法，是一种利用动态规划的思想寻找给定的加权图中多源点之间最短路径的算法。与 Dijkstra 算法类似，该算法名称以创始人之一、1978 年图灵奖获得者、斯坦福大学计算机科学系教授罗伯特·弗洛伊德命名。

Floyd 算法最核心的部分如下：

$$d[i][j] = \min_{1 \leqslant k \leqslant n} (d[i][k] + d[k][j])$$

Floyd 算法可以说是一个经典的动态规划算法，简单来说，求 i 到 j 的最短路径，可以转化为寻找一个中间点 k，然后变成求解子问题 i 到 k 的最短路径和 k 到 j 的最短路径，即我们可以枚举中间点 k，找到最小 $d[i][k] + d[k][j]$，作为 $d[i][j]$ 的最小值。算法描述如下：

（1）所有两点之间的距离是边的权值，如果两点之间没有边相连，则距离记为∞；

（2）对于每一对顶点 V 和 w，是否存在一个顶点 p 使得从 V 到 p 再到 w 比已知的路径更短，如果有则更新。

Floyd 算法的基本思想是：设立一个二维数组 $dist[n][n]$ 存放求解过程中的最短路径长度，初始为图的邻接矩阵，$arc[i][j]$ 表示有向边 $<i,j>$ 的权值，若不存在此边，则记为∞。$dist[\ ][\ ]$ 递推公式如下：

$$dist_{k-1}[i][j] = arc[i][j]$$

$$dist_k[i][j] = \min\{dist_{k-1}[i][j], dist_{k-1}[i][k], dist_{k-1}[k][j]\}$$

如此 $dist_{n-1}$ 记录了任意一对顶点间的最短路径长度。如图 6.16 给出了一个有向图及其邻接矩阵，算法实现过程如表 6.2 所示。

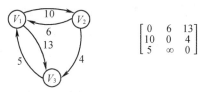

图 6.16　有向图 G_{11} 及其邻接矩阵

表 6.2　Floyd 算法执行过程

Dist	$Dist_{-1}$			$Dist_0$			$Dsit_1$			$Dist_2$		
	V_1	V_2	V_3	V_1	V_2	V_3	V_1	V_2	V_3	V_1	V_2	V_3
V_1	0	6	13	0	6	13	0	6	**10**	0	6	10
V_2	10	0	4	10	0	4	10	0	4	**9**	0	4
V_3	5	∞	0	5	**11**	0	5	11	0	5	11	0

算法实现如下：

```
void Floyd_path ( AdjGraph ∗G) {
    int j, k, m ;
    for ( j = 0; j < G - > vexnum; j ++ )
        for ( k = 0; k < G - > vexnum; k ++ )
```

$$\{A[j][k] = G - > adj[j][k] ; Path[j][k] = -1 ; \} \ //各数组的初始化$$

```
for ( m = 0; m < G - > vexnum; m ++ )
    for ( j = 0; j < G - > vexnum; j ++ )
        for ( k = 0; k < G - > vexnum; k ++ )
            if ( ( A[j][m] + A[m][k] ) < A[j][k] )
                {A[j][k] = A[j][m] + A[m][k] ; Path[j][k] = k ;}
                //修改数组 A 和 Path 的元素值
for ( j = 0; j < G - > vexnum; j ++ )
    for ( k = 0; k < G - > vexnum; k ++ )
        if ( j! = k ) {
            printf( "%d 到 %d 的最短路径为:\n", j, k ) ;
            printf( "%d ",j) ; prn_pass( j, k ) ;
            printf( "%d", k ) ;printf( "最短路径长度为: %d\n",A[j][k] ) ;
        }
}
```

Floyd 算法的时间复杂度为 $O(n^3)$，其中 n 为链表中数据结点的个数。

6.3.4 有向无环图

一个没有回路的有向图称作有向无环图，简称为 DAG 图，有向无环图通常用来表示工程的进行过程。通常来讲，一项工程都可以分为几项子过程，而这些子过程通常具有一定联系，如一项子过程的开展必须以另一项子过程的完成为前提。通过对无环有向图的拓扑排序和关键路径操作，可以解决工程方面人们关心的两个问题，一是判断工程能否正常进行，二是估算进行工程所需要的最短时间。下面就分别对这两种情况进行讨论。

1. 拓扑排序

用有向图来表示一项工程，其中顶点代表子过程，有向边代表子过程之间的依赖关系，这样的有向图简称为 AOV 网。若一项工程中的某个子工程的开始，需要以自身或自身后续工程的完成为前提，那么我们可以判断该工程不能正常进行。将该工程用 AOV 网进行表示，若该 AOV 网中出现了回路，就代表出现了上述情况，所以判断一项工程能否正常进行，可以看作判断该工程的 AOV 网是否存在回路，即是否为无环有向图。用来判断的方法，就是对该有向图进行拓扑排序。

设 $G = (V,E)$ 为一个有向图，若一个顶点序 $V_1, V_2, \cdots, V_{n-1}$ 满足下列条件：对于有向图中的任意一条路径对应的起点和终点两个顶点，在该序列中都有终点在起点之后，那么这个顶点序列称为一个拓扑序列。对一个有向图进行拓扑序列构造的过程，称为拓扑排序。

图 6.17 表示了一个 AOV 网和它的几个拓扑序列，一项工程的各个子过程的顺序安排必须按照拓扑序列中的顺序才是可行的，而从图中可以看出，一个 AOV 网的拓扑序列并不是唯一的。

拓扑排序 $1: V_1 V_6 V_2 V_3 V_5 V_4$。

拓扑排序 $2: V_6 V_1 V_2 V_3 V_5 V_4$。

拓扑排序 $3: V_1 V_2 V_6 V_3 V_5 V_4$。

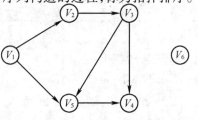

图 6.17 有向网 G_{12}

对于 AOV 网进行拓扑排序的基本思想是：

（1）从 AOV 网中选择一个入度为 0 的顶点，将其输出；

（2）将该顶点从 AOV 网中删除，并删除以该顶点为起点的有向边；

（3）重复上面两步，直到 AOV 网中所有的顶点都被输出，或 AOV 网中没有入度为 0 的顶点。

可以看出，对一个 AOV 网进行拓扑排序的结果有两种：若该 AOV 网中的顶点全部被输出，表示 AOV 网中不存在回路，该工程可以正常进行；若 AOV 网中的顶点未全部被输出，表示 AOV 网中存在回路，剩下的子工程的开始都需要以后续工程的完成为前提。

在拓扑排序中，因为需要删除以某个顶点为起点的有向边，即需要查找某个顶点的所有出边，所以一般使用邻接表对图进行存储和操作。而且在排序时，为了方便对顶点的入度进行查找和操作，所以在邻接表中增加一个字段，存储该顶点的入度。图 6.18 表示了一个 AOV 网及其邻接表的存储结构。

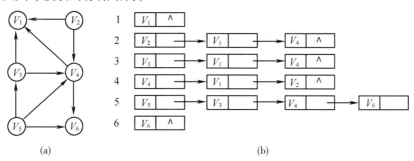

图 6.18 AOV 网及其邻接表的存储结构

（a）有向图 G_{13} ；（b）G_{13} 的邻接表

拓扑排序算法实现如下：

```
void TopSort( ALGraph G ) {
    top = -1 ; count =0 ;
    for( i =0 ; i < G. vertexNum ; i ++ )
        if( G. adjlist[ i ]. in = =0) S[ ++ top ] = i ;
    while( top ! = -1 ) {
        j = S[ top -- ]
        count < < G. adjlist[ j ]. vertex ; count ++ ;
        p = G. adjlist[ j ]. firstedge ;
        while( p ! = NULL ) {
            k = p - > adjvex ;
            G. adjlist[ k ]. in -- ;
            if( G. adjlist[ k ]. in = =0) S[ ++ top ] = k ;
            p = p - > next ;
        }
    }
    if( count < G. vertexNum ) count << "存在回路" ;
}
```

　　在该算法中,为了方便每次查找,设置了一个顺序栈,将 AOV 网中的每个入度为零的顶点都存入栈中。若一个 AOV 网具有 n 个顶点、e 条有向边,那么扫描所有顶点并将入度为 0 的顶点入栈需要的时间为 $O(n)$,在拓扑排序时,每个顶点进栈、出栈及入度减 1 的操作共执行 e 次,所以,该算法的时间复杂度为 $O(n+e)$。

　　2. 关键路径

　　用带权有向图来表示一项工程,其中顶点代表一个事件,有向边代表从一个事件转到另一个事件时进行的活动,有向边的权值代表进行该活动需要花费的时间,这样的带权有向图简称为 AOE 网。在 AOE 网中,没有入边的顶点称为源点,没有出边的顶点称为汇点。用 AOE 网来表示工程时,只有进入某顶点的所有有向边代表的活动全部完成,才能使该顶点表示的事件发生;只有这个顶点代表的事件发生时,从该顶点出发的有向边代表的活动才能开始。

　　图 6.19 展示了一个由具有 9 种状态、11 项活动的工程绘出的 AOE 网,其中 V_0 为源点,代表整个工程的开始,V_8 为汇点,代表整个工程的结束。通过 AOE 网来表示工程,体现出了各个状态出现的优先关系,从而使我们得到两个关键的数据:一是完成整个工程需要的最短时间;二是影响整个工程进度的关键活动。

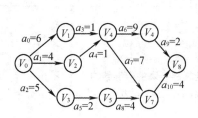

事件	事件含义
V_0	源点,整个过程开始
V_1	活动 a_0 完成,活动 a_3 开始
V_2	活动 a_1 完成,活动 a_4 开始
V_3	活动 a_2 完成,活动 a_5 开始
V_4	活动 a_3 和 a_4 完成,活动 a_5 和 a_6 开始
V_5	活动 a_5 完成,活动 a_8 开始
V_6	活动 a_6 完成,活动 a_9 开始
V_7	活动 a_7 和 a_8 完成,活动 a_{10} 开始
V_8	活动 a_9 和 a_{10} 完成,整个工程结束

图 6.19　AOE 网示例

　　在 AOE 网中,将一条路径上各个有向边上的权值相加,得到的值称为这条路径的长度。一个 AOE 网中,从源点到终点的路径中,具有最大路径长度的一条路径称为关键路径,关键路径上的活动称为关键活动,关键路径的长度代表了整个工程完成需要的时间,关键活动则代表影响工程总体进度的活动。

　　为了在 AOE 网 $G=(V,E)$ 中找到关键路径,需要计算下面几项:

　　(1)事件的最早发生时间

　　$ve[k]$ 代表顶点 v_k 表示的事件的最早发生时间,$ve[k]$ 可以通过计算从源点到 v_k 的最大路径长度得出。根据 AOE 网的性质,只有到达一个事件的所有活动都结束时,该事件才能发生,所以计算 $ve[k]$ 的方法如下:

$$\begin{cases} ve[0] = 0 \\ ve[k] = \max\{ve[j] + \text{len} <v_j,v_k>\}(<v_j,v_k> \in p[k]) \end{cases}$$

其中,$\text{len}<v_i,v_k>$ 表示有向边 $<v_i,v_k>$ 的权值,$p[k]$ 表示指向顶点 v_k 的有向边的集合。

　　(2)事件的最迟发生时间

　　$vl[k]$ 代表在不影响工程整体进度的情况下,允许顶点 v_k 表示的事件发生的最迟时间。为了保证工程的总体进度,必须保证 v_k 表示的事件的后续事件为最迟发生时间,所以计算

$vl[k]$的方法如下：

$$\begin{cases} vl[n-1] = ve[n-1] \\ vl[k] = \min\{ve[l] - \text{len} <v_k,v_l>\}(<v_k,v_i> \in s[k]) \end{cases}$$

其中，$s[k]$表示从顶点v_k发出的所有有向边的集合。可以看出，与事件的最早发生时间不同的是，计算事件的最迟发生时间需要从 AOE 图的汇点开始进行。

（3）活动的最早开始时间

设一个活动a_k是有向边$<vk,vl>$所表示的活动，根据 AOE 网的特点，该活动必须在事件v_k发生的前提下才可以开始，所以活动a_k的最早开始时间$ee[k]$就是事件v_k的最早发生时间，即

$$ee[k] = ve[k]$$

（4）活动的最晚开始时间

设一个活动a_k是有向边$<v_k,v_l>$所表示的活动，$el[k]$代表在不影响工程整体进度，即不影响后续事件最迟发生时间的情况下，必须开始的最晚时间，因此，计算方式为

$$el[k] = vl[1] - \text{len} <v_k,v_1>$$

（5）活动最晚开始时间和最早开始时间的差

在不延长整个工程所需时间情况下活动a_k的冗余时间，即活动a_k可以拖延的时间。

根据上面得到的结果，就能够进行关键活动的判断。若一个活动的$el[i] = ee[i]$即$ed[i] = 0$，那么可以判断这个活动为关键活动；若一个活动的$el[i] > ee[i]$，即$ed[i] = 0$，那么这个活动就不是关键活动，留给这个活动开始的冗余时间$ed[i] = el[i] - ee[i]$。确定好关键活动后，由这些关键活动组成的路径即为关键路径。

设一个工程具有n个事件和e个活动，将其用 AOE 网表示，计算关键路径算法的伪代码为：

①设源点为v_0，令$ve[0] = 0$，按照拓扑序列求其余顶点的最早发生时间$ve[i]$；

②若计算出的拓扑序列中顶点的个数小于 AOE 网中顶点的个数，说明该 AOE 网中存在环路，无关键路径，程序退出；

③设汇点为$v[n-l]$，令$vl[n-1] = ve[n-1]$，按照拓扑倒序求其余顶点的最迟发生时间$vl[i]$；

④根据上面的结果分别计算每条有向边代表的活动的最早开始时间$ee[i]$和最晚开始时间$el[i]$，若$el[i] = ee[i]$，则该活动为关键活动。

如图 6.20 为求解关键路径的一个过程示例。

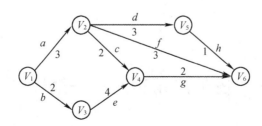

图 6.20　有向网 G_{14}

各事件最早发生时间和最迟发生时间如表 6.3 所示:

表 6.3　最早发生时间和最迟发生时间

	V_1	V_2	V_3	V_4	V_5	V_6
$ve[i]$	0	3	2	6	6	8
$vl[i]$	0	4	2	6	7	8

各活动最早发生时间、最晚发生时间和时间冗余量、最晚发生时间和冗余量如表 6.4 所示:

表 6.4　最早发生时间

	a	b	c	d	e	f	g	h
$ee[i]$	0	0	3	3	2	3	6	6
$el[i]$	1	0	4	4	2	5	6	7
$ed[i]$	1	0	1	1	0	2	0	1

所以关键活动为:beg,完成该工程最少需要 8 小时。

求关键活动算法代码如下:

```
Status CriticalPath(ALGraph G) {     //G 为有向网,输出 G 的各关键活动
if (!ToplogicalOrder(G, T)) return ERROR;   //判断是否有环
vl[0..G. vexnum − 1] = ve[0..G. vexnum − 1];
                //初始化顶点事件的最迟发生时间
while (!StackEmpty(T)) //按拓扑逆序求各顶点的 vl 值
    for (Pop(T, j), p = G. vertices[j]. firstarc; p; p = p − > nextarc) {
                k = p > adjvex; dut = *(p − >info);
if(vl[k] − dut < vl[j])   vl[j] = vl[k] − dut;
        }
for (j = 0; j < G. vexnum; ++j) //求 ee,el 和关键活动
    for (p = G. vertices[j]. firstarc; p; p = p − > nextarc) {
        k = p > adjvex; dut = *(p − >info);
ee = ve[j];   el = vl[k];
tag = (ee = = el)?'*':'';
printf(j, k,dut, ee, el, tag);    //输出关键活动, * 表示为关键路径
        }
}
```

6.4　图的应用实例——地球涂色

【问题描述】

欲用四种颜色对地图上的国家涂色,有相邻边界的国家不能用同一种颜色(点相交不算相邻)。

【分析】

地图涂色问题可以用"四染色"定理进行求解。将地图上的国家编号(1 到 n),从编号 1 开始逐一涂色,对每个区域用 1 色、2 色、3 色、4 色(下称"色数")依次试探,若当前所取颜色与周围已涂色区域不重色,则将该区域颜色进栈;否则,用下一颜色。若 1 至 4 色均与相邻某区域重色,则需退栈回溯,修改栈顶区域的颜色。用邻接矩阵数据结构 $C[n][n]$ 描叙地图上国家间的关系。n 个国家用 n 阶方阵表示,若第 i 个国家与第 j 个国家相邻,则 $C_{ij} = 1$,否则 $C_{ij} = 0$。用栈 s 记录染色结果,栈的下标值为区域号,元素值是色数。

实现算法如下:

```
void MapColor( AdjMatrix C) { //以邻接矩阵 C 表示的 n 个国家的地区涂色
    int s[ ];      //栈的下标是国家编号,内容是色数
    s[1] = 1;      //编号 01 的国家涂 1 色
    i = 2;j = 1;   //i 为国家号,j 为涂色号
    while( i <= n) {
        while( j <= 4&&i <= n) {
            k = 1;  //k 指已涂色区域号
            while ( k < i&&s[k] * C[i][k]! = j)    k ++;   //判相邻区是否已涂色
            if ( k < i) j = j + 1;        //用 j + 1 色继续试探
else { s[ i] = j;i ++ ;j = 1;}         //与相邻区不重色,涂色结果进栈
                                        //继续对下一区涂色进行试探
        }
    }
}
```

6.5 本 章 小 结

本章的知识框架如下:

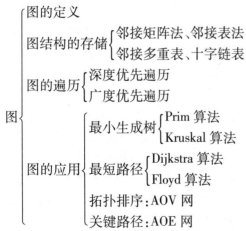

【例题精解】

例 6.1 如图 6.21 所示的有向图是强连通的吗？请列出所有的
简单路径。

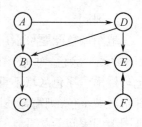

图 6.21 例 6.1 的图

解析： 判断一个有向图是否强连通，要看从任一顶点出发是否
能够回到该顶点。上面的有向图不是强连通的有向图。各个顶点
自成强连通分量。

所谓简单路径是指该路径上没有重复的顶点。从顶点 A 出发，到其他的各个顶点的简单路径有 $A{\to}B,A{\to}D{\to}B,A{\to}B{\to}C,A{\to}D{\to}B{\to}C,A{\to}D,A{\to}B{\to}E,A{\to}D{\to}E,A{\to}D{\to}B{\to}E,A{\to}B{\to}C{\to}F{\to}E,A{\to}D{\to}B{\to}C{\to}F{\to}E,A{\to}B{\to}C{\to}F,A{\to}D{\to}B{\to}C{\to}F$。

从顶点 B 出发，到其他各个顶点的简单路径有 $B{\to}C,B{\to}C{\to}F,B{\to}E,B{\to}C{\to}F{\to}E$。

从顶点 C 出发，到其他各个顶点的简单路径有 $C{\to}F,C{\to}F{\to}E$。

从顶点 D 出发，到其他各个顶点的简单路径有 $D{\to}B,D{\to}B{\to}C,D{\to}B{\to}C{\to}F,D{\to}E,D{\to}B{\to}E,D{\to}B{\to}C{\to}F{\to}E$。

从顶点 E 出发，到其他各个顶点的简单路径无。

从顶点 F 出发，到其他各个顶点的简单路径有 $F{\to}E$。

例 6.2 设图的邻接矩阵 A 如下所示，求各顶点的度。

$$A = \begin{bmatrix} 0 & 1 & 0 & 1 \\ 0 & 0 & 1 & 1 \\ 0 & 1 & 0 & 0 \\ 1 & 0 & 0 & 0 \end{bmatrix}$$

解析： 邻接矩阵 A 为非对称矩阵，说明图是有向图，度为入度加出度之和。各顶点的度是矩阵中此结点对应的行（出度）和列（入度）的非零元素之和。所以各顶点的度分别为 3，4，2，3。

例 6.3 已知无向图 G 的顶点数为 n，边数为 e，求其邻接表表示的空间复杂度。

解析： 在无向图的邻接表中，顶点表有 n 个结点，边表有 $2e$ 个结点，共有 $n+2e$ 个结点，其空间复杂度为 $O(n+2e)=O(n+e)$。

例 6.4 G 是一个非连通无向图，共有 28 条边，该图至少有多少个顶点。

解析： n 个顶点的无向图中，边数 $e\leqslant n(n-1)/2$，，将 $e=28$ 代入，有 $n\geqslant 8$，现已知无向图非连通，则 $n=9$。

例 6.5 对于一个无向图 $G=(V,E)$，若 G 中各顶点的度均大于或等于 2，则 G 中必有回路。

解析： 用反证法证明，对于一个无向图 $G=(V,E)$，若 G 中各顶点的度均大于或等于 2，则 G 中没有回路。此时从某一个顶点出发，应能按拓扑有序的顺序遍历图中所有顶点。但当遍历到该顶点的另一邻接顶点时，又可能回到该顶点，没有回路的假设不成立。

例 6.6 设有向图 $G=(V,E)$，顶点集 $V=\{V_0,V_1,V_2,V_3\}$，边集 $E=\{<V_0,V_1>,<V_0,V_2>,<V_0,V_3>,<V_1,V_3>\}$。若从顶点 V_0 开始对图进行深度优先遍历，求可能得到的不同遍历序列个数。

解析： 画出该有向图图形如图 6.22 所示。

采用图的深度优先遍历共 5 种可能：$<V_0,V_1,V_3,V_2>$，$<V_0,V_2,V_3,V_1>$，$<V_0,V_2,V_1,$

$V_3>$，$<V_0,V_3,V_2,V_1>$，$<V_0,V_3,V_1,V_2>$。

例 6.7　对图 6.23 进行拓扑排序，可以得到多少个不同的拓扑序列？

解析： 可以得到 3 种不同的拓扑序列 abced，abecd，aebcd。

例 6.8　下面有一种称为"破圈法"的求解最小生成树的方法：所谓"破圈法"就是"任取一圈，去掉圈上权最大的边"，反复执行这一步骤，直到没有圈为止。试判断这种方法是否正确。如果正确请说明理由，如果不正确举出反例。

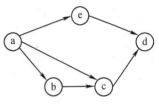

图 6.22　例 6.6 的图

解析： 这种方法是正确的。由于经过"破圈法"之后，最终没有回路，故一定可以构造出一棵生成树。下面证明这棵生成树是最小生成树。记"破圈法"生成的树为 T，假设 T 不是最小生成树，则必然存在最小生成树 T_0，使得它与 T 的公共边尽可能地多，则将 T_0 与 T 取并集，得到一个图，此图中必然存在回路，由于"破圈法"的定义就是从回路中去除权最大的边，此时生成的 T 的权必然是最小的，这与原假设 T 不是最小生成树矛盾。从而 T 是最小生成树。

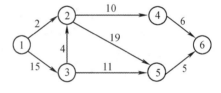

图 6.23　例 6.7 的图

例 6.9　试对图 6.24 所示的 AOE 网络，解答下列问题。

(1)这个工程最早可能在什么时间结束。

(2)求每个事件的最早开始时间和最迟开始时间。

(3)求每个活动的最早开始时间和最迟开始时间。

(4)求出关键路径。

解析： 按拓扑有序的顺序计算各个顶点的最早可能开始时间和最迟允许开始时间，然后再计算各个活动的最早可能开始时间和最迟允许开始时间，从而确定关键路径如表 6.5 和表 6.6 所示。

图 6.24　例 6.9 的图

表 6.5　例 6.9 的表 1

	1	2	3	4	5	6
事件最早开始时间	0	19	15	29	38	43
事件最迟开始时间	0	19	15	37	38	43

表 6.6　例 6.9 的表 2

	<1,2>	<1,3>	<3,2>	<2,4>	<2,5>	<3,5>	<4,6>	<5,6>
活动最早开始时间	0	0	15	19	19	15	29	38
活动最迟开始时间	17	0	15	27	19	27	37	38
差值	17	0	0	8	0	12	8	0

此工程最早完成时间为 43，关键路径为 $<1,3>$，$<3,2>$，$<2,5>$，$<5,6>$。

练　习

6.1　设无向图的顶点个数为 n，则该图最多有多少条边？

6.2　一个有 n 个结点的图，最少有多少个连通分量？最多有多少个连通分量？

6.3　证明:生成树中最长路径的起点和终点的度均为 1。

6.4　无向图 $G = (V, E)$，$V = \{a, b, c, d, e, f\}$，$E = \{(a,b), (a,e), (a,c), (b,e), (c, f), (f,d), (e,d)\}$，对该图进行深度优先遍历，得到的顶点序列正确的是(　　)。

A. a,b,e,c,d,f　　B. a,c,f,e,b,d　　C. a,e,b,c,f,d　　D. a,e,d,f,c,b

6.5　下面哪一方法可以判断出一个有向图是否有环(回路)？(　　)

A. 深度优先遍历　　B. 拓扑排序　　C. 求最短路径　　D. 求关键路径

6.6　在有向图 G 的拓扑序列中，若顶点 V_i 在顶点 V_j 之前，则下列情形不可能出现的是(　　)。

A. G 中有弧 $<V_i, V_j>$　　　　　　B. G 中有一条从 V_i 到 V_j 的路径

C. G 中没有弧 $<V_i, V_j>$　　　　　D. G 中有一条从 V_j 到 V_i 的路径

6.7　在用邻接表表示图时，求拓扑排序算法时间复杂度。

6.8　下面关于求关键路径的说法不正确的是(　　)。

A. 求关键路径是以拓扑排序为基础的

B. 一个事件的最早开始时间同以该事件为尾的弧的活动最早开始时间相同

C. 一个事件的最迟开始时间为以该事件为尾的弧的活动最迟开始时间与该活动的持续时间的差

D. 关键活动一定位于关键路径上

6.9　下列关于 AOE 网的叙述中，不正确的是(　　)。

A. 关键活动不按期完成就会影响整个工程的完成时间

B. 任何一个关键活动提前完成，那么整个工程将会提前完成

C. 所有的关键活动提前完成，那么整个工程将会提前完成

D. 某些关键活动提前完成，那么整个工程将会提前完成

6.10　若一个有向图具有有序的拓扑排序序列，那么它的邻接矩阵为何种形式？

6.11　图 $G = (V, E)$ 以邻接表存储如图 6.25 所示，试画出图 G 的深度优先生成树和广度优先生成树(假设从结点 1 开始遍历)。

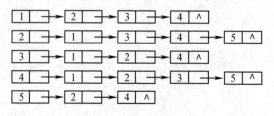

图 6.25　题 6.11 的图

6.12 图 6.26 所示 AOE 网表示一项包含 9 个活动的工程,求出其关键路径。

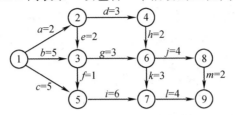

图 6.26　题 6.12 的图

6.13 设有向 G 图有 n 个点(用 $1,2,\cdots,n$ 表示),e 条边,写一算法根据其邻接表生成其反向邻接表,要求算法复杂性为 $O(n+e)$。

6.14 试写一算法,判断以邻接表方式存储的有向图中是否存在由顶点 V_i 到顶点 V_j 的路径($<i,j>$)。注意:算法中涉及的图的基本操作必须在存储结构上实现。

习题选解

6.1 该图最多有 $n(n-1)/2$ 条边。

6.2 最少是 1 个,这种情况下,它本身就是一个连通图;最多是 n 个,这种情况下,它是由 n 个分散的点组成的一个图。

6.3 用反证法证明。设 v_1, v_2, $\cdots$, v_k 是生成树的一条最长路径,其中,v_1 为起点,v_k 为终点。若 v_k 的度为 2,取 v_k 的另一个邻接点 v,由于生成树中无回路,所以,v 在最长路径上,显然 v_1, v_2, $\cdots$, v_k, v 的路径最长,与假设矛盾。所以生成树中最长路径的终点的度为 1。同理可证起点 v_1 的度不能大于 1,只能为 1。

6.4 DFS 算法的特点是从根顶点出发,访问所到达的顶点 v;然后前往 v 的未被访问的邻接点。若 v 的所有邻接点均被访问过,则回溯到访问历史中 v 的上一个顶点 v',对其进行第 2 步,即访问 v' 除 v 之外的其他邻接点;这种回溯可以一直到根顶点;若回溯到根顶点后仍有结点未被访问,且不与根顶点邻接,则更换根结点,如图 6.27 所示。

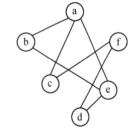

图 6.27　题 6.4 答案图

选项 A,a→b, 没问题;到 b 后,b 的邻接点中只剩下 e 未被访问,b→e 没问题;e→c,不行,e 此时仍有未被访问的邻接点 d,且 e 没有跟 c 连通,答案错误。

选项 B,a→c→f, 没问题;f→e,不行,f 此时仍有未被访问的邻接点 d,且 f 没有跟 e 连通,答案错误。

选项 C,a→e→b,没问题;到 b 后,b 的邻接点均被访问,应回溯到 e,然后访问 e 其他未被访问的邻接点(只剩 d),且 b 没有跟 c 连通,答案错误。

选项 D,a→e→d→f→c,没问题;到 c 后,其两个邻接点 a 与 f 均已被访问,按 c→f→d→e→a 回溯时候发现,e 顶点仍有未被访问的顶点 b,于是 a→e→d→f→c→b。

6.5 AB

6.6 D。选项 A,B,C 都是有可能出现的,但是选项 D 是不可能出现的,因为若是 G 中有一条从 V_j 到 V_i 的路径,则在图的拓扑序列中顶点 V_j 应该在顶点 V_i 之前。

6.7 复杂度为 $O(n+e)$。

6.8 C。一个事件的最迟发生事件等于 min｛以该事件为尾的弧的活动最迟开始时间,最迟结束时间与该活动的持续时间的差｝。

6.9 B。关键路径并不唯一,当有多条关键路径存在时,其中一条关键路径上的关键活动时间缩短,只能导致本条关键路径变成非关键路径,而无法缩短整个工期,因为其他关键路径没有变化,因此 B 项不正确。

6.10 对有向图中顶点适当进行编号,使其邻接矩阵为三角矩阵且主对角元素全为 0 的充分必要条件是该有向图可以进行拓扑排序。值得注意的是,如果一个有向图的邻接矩阵为三角矩阵(对角线上元素为 0),则图中必定不存在环路,则其拓扑序列必定存在。

6.11 答案如图 6.28 所示。

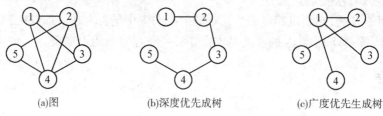

(a)图   (b)深度优先成树   (c)广度优先生成树

图 6.28 题 6.11 答案图

6.12 关键路径为 (1,3,5,7,9)。

6.13 算法如下:

```
void InverAdjList( AdjList gin, gout) {
    for( i = 1;i <= n;i ++)
        {gin[ i]. vertex = gout[ i]. vertex;   gin. firstarc = null;}
    for( i = 1;i <= n;i ++) {
        p = gout[ i]. firstarc;
        while( p! = null) {
            j = p - > adjvex;
            s = ( ArcNode * )malloc( sizeof( ArcNode) );
            s - > adjvex = i;   s - > next = gin[ i]. firstarc;   gin[ j]. firstarc = s;
            p = p - > next;
        }
    }
}
```

6.14 在有向图中,判断顶点 V_i 和顶点 V_j 之间是否有路径,可采用遍历的方法,从顶点 V_i 出发,不管是深度优先还是广度优先,在未退出查找之前,若访问到 V_j,则说明有通路,否则无通路。算法略。

第7章 查 找

事实上，人们在日常生活中每天都要进行各种各样种类繁多的"查找"工作。例如，在手机通讯录中查找"某个人"的手机号码，在成绩单中查阅"某学生"的成绩；在网上查阅"某件事"的具体背景等。其中"通讯录""成绩单""新闻数据库"都可视作一张查找表。

查找表是一种以集合为逻辑结构的常用数据结构，它是由同一类型的数据元素（或记录）构成的集合，其基本特点是以查找运算为核心。由于"集合"中的数据元素之间存在着完全松散的关系，因此，查找表是一种非常灵活的数据结构。同时，查找表广泛存在和使用于各种系统软件和应用软件中，也是最常见的结构之一。

所谓"查找"即在一个含有众多数据元素的查找表中找出特定的数据元素。为了便于讨论，必须给出这个"特定的"词（如"某个人""某学生""某件事"等）的确切含义。下面首先需引入"关键字"的概念。关键字是数据元素中某个数据项的值，又称为键值，用它可以标识一个或一组数据元素。若此关键字可以唯一地标识一个记录，则称此关键字为主关键字，对于那些可以识别多个数据元素（或记录）的关键字，我们称为次关键字。当数据元素只有一个数据项时，其关键字即为该数据元素的值。

查找是根据给定的某个值，在查找表中确定一个记录的关键字与给定值相同的记录或数据元素，并返回该数据元素在查找表中的位置。若表中存在这样的记录，则称查找是成功的，此时查找的结果为整个记录的信息，或指示该记录在查找表中的位置；若表中不存在关键字等于给定值的记录，则称查找不成功，此时查找的结果可给出一个"空"记录或"空"指针。

在查找表中仅仅作某一数据元素或记录是否存在的查找操作的查找表称为静态查找表。在查找表中作查找成功后将该数据元素或记录删除、查找不成功后插入该数据元素或记录等操作的查找表称为动态查找表。

查找算法的优劣对系统的效率影响很大，好的查找算法可以极大地节省程序所需空间资源或时间资源或极大地提高程序的运行速度。一般来讲，衡量一个算法好坏的度量有3条，即时间复杂度、空间复杂度和算法的其他性能。对于查找算法来说，通常只需要一个或几个辅助空间，空间复杂度方面的因素考虑较少。在忽略算法其他性能因素的前提下，查找运算的主要操作是关键字的比较，所以通常把查找过程中对关键字需要执行的平均比较次数（又称为平均查找长度）作为衡量一个查找算法效率的标准，它也是本章中讨论查找算法优劣的主要标准。

平均查找长度（Average Search Length，ASL）的定义为

$$ASL = \sum_{i=1}^{n} P_i C_i$$

其中，n 是结点的个数；P_i 是查找第 i 个结点的概率（一般情况下认为各结点的查找概率是相同的，即 $P_1 = P_2 = \cdots = P_n = 1/n$）；$C_i$ 是找到第 i 个结点所需比较的次数。

在本章以后各节的讨论中,涉及的关键字类型和数据元素类型统一说明如下:

关键字类型定义为:

```
typedef int      KeyType;//整型
typedef float    KeyType;//实型
typedef char     KeyType;//字符串型
```

数据元素类型定义为:

```
typedef struct{
    KeyType key;//关键字域
    …            //其他域
}SElemType;
```

7.1　静态查找表

静态查找表可以有不同的表示方法,在不同的表示方法中,实现查找操作的方法也不同。本章主要讨论典型的顺序表的查找以及有序表的查找。

7.1.1　顺序表的查找

以顺序表或线性链表表示静态查找表,则查找可用顺序查找来实现。本节中只讨论它在顺序存储结构模块中的实现,在线性链表模块中实现的情况留给读者去完成。

静态查找表的顺序存储结构定义如下:

```
typedef struct{
ElemType * elem;//数据元素存储空间基址,建表时按实际长度分配,0 号单元留空
int length;//表长度
}SSTable;
```

下面讨论顺序查找的实现。

顺序查找(Sequential Search)的查找过程为:从表中最后一个记录开始,逐个将记录的关键字和给定值进行比较,若某个记录的关键字和给定值相等,则查找成功,找到所查记录;反之,若直至第一个记录,其关键字和给定值都不等,则表明表中没有所查记录,查找不成功。顺序查找可用于所有顺序表(包括无序顺序表和有序顺序表)的查找。

此查找过程可用下列算法描述:

```
int Search_Seq(SSTable ST,KeyType key){
    //在顺序表 ST 中顺序查找其关键字等于 key 的数据元素。若找到,则函数
    //值为该元素在表中的位置,否则为0。
ST. elem[0]. key = key;    //哨兵
for(i = ST. length;IEQ(ST. elem[i]. key,key); - - i);    //从后往前找
return i;                                    //找不到时,i 为 0
}//Search_Seq
```

顺序查找的算法用 C 语言实现如下:

```
int SeqSearch(SSTable S,DataType x)
```

//在顺序表中查找关键字为 x 的元素,如果找到返回该元素在表中的位置,
//否则返回 0
{
  int i = 0;
  while(i < S. length&&S. list[i]. key! = x. key)//从顺序表的第一个元素开始比较
  i + + ;
  if(S. list[i]. key = = x. key)
   return i + 1;
  else
   return 0;
}

以上算法也可以通过设置监视哨的方法实现,其算法描述如下:

int SeqSearch2(SSTable S, DataType x)

//设置监视哨 S. list[0],在顺序表中查找关键字为 x 的元素,如果找到返回
//该元素在表中位置,否则返回 0
{
  int i = S. length;
  S. list[0]. key = x. key;//将关键字存放在第 0 号位置,防止越界
  While(S. list[i]. key! = x. key)//从顺序表的最后一个元素开始向前比较
   i - - ;
  return i;
}

以上算法是从表的最后一个元素开始与关键字进行比较,其中,S. list[0]被称为监视哨,可以防止出现数组越界。

从上面可以看出,顺序查找中,假设表中有 n 个数据元素,则表中每个元素的查找概率相等,即 $p_i = \dfrac{1}{n}$,则顺序查找的平均查找长度为

$$ASL = \sum_{i=1}^{n} p_i c_i = \frac{1}{n} \sum_{i=1}^{n} i = \frac{1}{n} \times \frac{n(n+1)}{2} = \frac{n+1}{2}$$

7.1.2 有序表的查找

有序表是表中数据元素按关键码升序或降序排列的查找表。有序表的查找方法有折半查找、斐波那契查找以及插值查找。有序表也可以使用顺序查找,但折半查找用于有序表的查找效率更高。

折半查找(Binary Search,又称二分查找)的查找过程是:在有序表中,取中间元素作为比较对象,若给定值与中间元素的关键码相等,则查找成功;若给定值小于中间元素的关键码,则在中间元素的左半区继续查找;若给定值大于中间元素的关键码,则在中间元素的右半区继续查找。不断重复上述过程,直到查找成功,或所查找区域无数据元素,则查找失败。

上述折半查找过程算法描述如下:

```
int Search_Bin(SSTable ST,KeyType key){
    //在有序表 ST 中折半查找其关键字等于 key 的数据元素,若找到,则函数
    //值为该元素在表中的位置,否则为 0。
    low = 1;high = ST. length;                          //置区间初值
    while(low < = high){
        mid = (low + high)/2;
        if (EQ(key,ST. elem[mid]. key))   return mid;        //找到待查元素
        else if (LT(key,ST. elem[mid]. key)) high = mid - 1;
        else low = mid + 1;
    }
    return 0;
}//Search_Bin
```

用 C 语言表示折半查找的递归形式如下:

```
Binary_Search(SSTable St,KeyType K,int low,int high)
{
    //用折半法在有序表中查找关键字等于给定值的元素。若成功则返回其
    //在表中的位置,否则返回 0
    mid = 0;
    if(low < = high)
    {
        Mid = (low + high)/2;
        if(LT(k,St. elem[mid]. key))//若给定值小于 mid 位置的关键字
            mid = Binary_Searcha(St. K,low,mid - 1);
            //舍去表的右半部分,在左半部分递归查找
        else if(GT(k,St. elem[mid]. key))//若给定值大于 mid 位置的关键字
            mid = Binary_Searcha(St. K,mid + 1,high);
            //则舍去表的左半部分,在右半部分递归查找
    }
    return mid;// 若给定值等于 mid 位置的关键字,则返回当前的 mid 值
}
```

由于该递归算法是一个尾递归,所以很容易将其转化为循环迭代形式,具体实现如下所示:

```
Binary_Search(SSTable St,KeyType K,int low,int high)
{
    //在有序表中非递归折半查找给定值,若查找成功返回元素在表中的位
    //置,否则返回 0
    low = 1;high = St. length;mid = 0;
    while(low < = high)//只要当前查找范围长度不为 0 就继续查找
    {
        mid = (low + high)/2;
```

if(EQ(k,St. elem[mid]. key))

//给定值等于当前 mid 位置的关键字则返回该位置

    return mid;

else if(LT(k,St. elem[mid]. key))//若给定值小于 mid 位置的关键字

    high = mid – 1;// 则舍去表的右半部分,在左半部分递归查找

else//若给定值大 mid 位置的关键字

    low = mid +1;// 则舍去表的左半部分,在右半部分递归查找

  }

    return   0;

}

通过对折半查找方法的学习,我们可以得到,折半查找的过程可以用二叉树来表示。为了便于讨论,我们引入判定树的定义。判定树指的是树中每个结点表示表中的一个记录,结点里的值为该记录在表中的位置,通常称描述这个查找过程的二叉树为判定树(也称为二叉判定树)。

如表7.1所示,根据上述查找过程可知:找到第4个元素仅需比较1次;找到第2和第5个元素需比较2次;找到第1个、第3个、第6个和第7个元素需比较3次。

表7.1 有序表

序号	1	2	3	4	5	6	7
关键字	2	4	6	7	12	15	21

这个查找过程可用图7.1所示的二叉树来描述。树中每个结点表示表中一个记录,结点中的值为该记录在表中的位置,通常称这个描述查找过程的二叉树为判定树。从判定树上可见,查找21的过程恰好是走了一条从根到结点⑦的路径,和给定值进行比较的关键字个数为该路径上的结点数或结点⑦在判定树上的层次数。类似地,找到有序表中任一记录的过程就是走了一条从根结点到与该记录相应的结点的路径,和给定值进行比较的关键字个数恰为该结点在判定树上的层次数。因此,折半查找法在查找成功时进行比较的关键字个数最多不超过树的深度,而具有 n 个结点的判定树的深度为 $\log_2 n +1$,所以,折半查找法在查找成功时和给定值进行比较的关键字个数至多为 $\log_2 n +1$ 次。

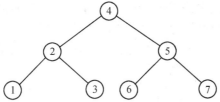

图7.1 描述折半查找过程的判定树

那么,折半查找的平均查找长度是多少呢?

设表常 $n = 2^h -1, h = \log_2(n +1)$,即判定树是深度为 h 的满二叉树,

设表中每个元素的查找概率相等,即 $p_i = \dfrac{1}{n}$,则

$$ASL = \sum_{i=1}^{n} p_i c_i = \frac{1}{n} \sum_{i=1}^{n} c_i = \frac{1}{n} \sum_{j=1}^{n} j \times 2^{j-1} = \frac{n+1}{n} \times \log_2(n +1) -1$$

对于任意的 n,当 n 较大($n > 50$)时,折半查找成功时的平均查找长度为 $\log_2(n + 1) - 1$。可见,折半查找的效率比顺序查找高,但折半查找只适用于有序表,且限于顺序存储结构(对线性链表无法有效地进行折半查找)。

7.2 动态查找表与二叉排序树

动态查找表是具有相同特性的数据元素的集合,每个数据元素都含有类型相同的关键字,并可唯一地标识数据元素,每个数据元素之间的关系同属于一个集合。

动态查找表与静态查找表的不同之处在于它不仅支持查找操作,还支持插入、删除等改变表中数据的操作。

如果查找表是有序的,则其查找效率一般比无序表的查找效率要高;若查找表的存储结构为链式结构,则对其进行插入、删除操作将会更加方便。动态查找表恰好是有序的且一般都采用链式存储结构,故动态查找表能够进行快速搜索,并且能够快速地进行插入和删除操作。动态查找表结构本身是在查找过程中动态生成的,即对于给定值 key,若表中存在其关键字等于 key 的记录,则查找成功,否则插入关键字等于 key 的记录。

7.2.1 二叉排序树

1. 二叉排序树

二叉排序树(Binary Sort Tree,又称二叉查找树)或者是一棵空树,或者是具有下列性质的二叉树:

(1)若它的左子树不空,则左子树上所有结点的值均小于它的根结点的值;

(2)若它的右子树不空,则右子树上所有结点的值均大于它的根结点的值;

(3)它的左、右子树也分别为二叉排序树。

二叉排序树又称二叉查找树,根据上述定义的结构特点可见,它的查找过程和次优二叉树类似。即当二叉排序树不空时,首先将给定值和根结点的关键字比较,若相等,则查找成功,否则将依据给定值和根结点的关键字之间的大小关系,分别在左子树或右子树上继续进行查找。通常,可以将二叉排序树视为一种特殊的二叉树,故适用于二叉树的所有操作都适用于二叉排序树;而又因为二叉排序树的每一个结点都包含一个键值,也可以用来进行信息检索,所以又可以将其视为查找表的一种新的实现方式。

由二叉排序树的性质可以推出另一个重要性质,即对二叉排序树进行中序遍历,可以得到一个按关键字递增的有序数列。

2. 二叉排序树的查找

可取二叉链表作为二叉排序树的存储结构,则查找过程算法描述如下。

```
SearchBST(BiTree T,KeyType key){
    //在根指针 T 所指二叉排序树中递归地查找某关键字等于 key 的数据元素,
    //若查找成功,则返回指向该数据元素结点的指针,否则返回空指针
    if((!T) || EQ(key,T -> data. key))
    return(T);        //查找结束
    else if (LT(key,T -> data. key) return(SearchBST(T -> lchild,key));
```

//在左子树中继续查找

else

return(SearchBST(T - > rchild,key)) ;   //在右子树中继续查找

}//SearchBST

在图 7.2 所示的二叉排序树中查找关键字等于 100 的记录(树中结点内的数均为记录的关键字)。首先以 key = 100 和根结点的关键字作比较,因为 key > 88,则查找以 91 为根的右子树,此时右子树不空,且 key > 91,则继续查找以结点 100 为根的右子树,由于 key 和 100 的右子树根的关键字 100 相等,则查找成功,返回指向结点的指针值。又如在图 7.2 中查找关键字等于 75 的记录,和上述过程类似,在给定值 key 与关键字 88、63 及 79 相继比较之后,继续查找以结点 79 为根的右子树,此时左子树为空,则说明该树中没有待查记录,故查找不成功,返回指针值为"NULL"。

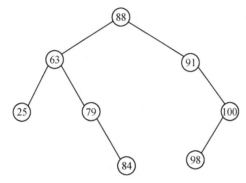

图 7.2 二叉排序树示例

3. 二叉排序树的插入

和次优二叉树相对应,二叉排序树是一种动态树表。其特点是,树的结构通常不是一次生成的,而是在查找过程中,当树中不存在关键字等于给定值的结点时再进行插入。新插入的结点一定是一个新添加的叶子结点,并且是查找不成功时查找路径上访问的最后一个结点的左孩子或右孩子结点。

插入算法如下所示。

Status InsertBST(BiTree &T,ElemType e) {

//当二叉排序树 T 中不存在关键字等于 e. key 的数据元素时,插入 e 并返回

//TRUE,否则返回 FALSE

if(!SearchBST(T,e. key,NULL,p) {   //查找不成功

    s = (BiTree) malloc(sizeof(BiTNode)) ;

    s - > data = e;s - > lchild = s - > rchild = NULL;

    If(!p)T = s;   //被插结点 *s 为新的根结点

    else if LT(e. key,p - > data. key) p - > lchild = s;   //被插结点 *s 为左孩子

    else P - > rchild = s;   //被插结点 *s 为右孩子

    return TRUE;

    }

else return FALSE;   //树中已有关键字相同的结点,不再插入

$\}$ //Insert BST

从空树出发,经过一系列的查找插入操作之后,可生成一棵二叉树。设查找的关键字序列为{30,25,42,27,38},则生成的二叉排序树如图7.3所示。

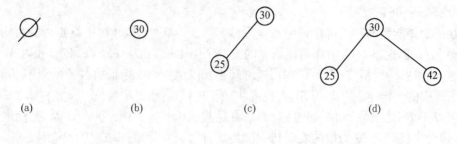

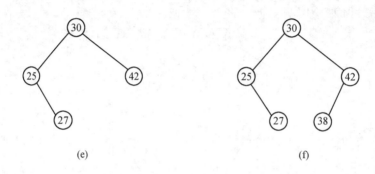

图7.3　二叉排序树的构造过程

(a)空树;(b)插入30;(c)插入25;(d)插入42;(e)插入27;(f)插入38

容易看出,中序遍历二叉排序树可得到一个关键字的有序序列(这个性质是由二叉排序树的定义决定的)。这就是说,一个无序序列可以通过构造一棵二叉排序树而变成一个有序序列,构造树的过程即为对无序序列进行排序的过程。不仅如此,从上面的插入过程还可以看到,每次插入的新结点都是二叉排序树上新的叶子结点,则在进行插入操作时,不必移动其他结点,仅需改动某个结点的指针,由空变为非空即可。这就相当于在一个有序序列上插入一个记录而不需要移动其他记录。它表明,二叉排序树既拥有类似于折半查找的特性,又采用了链表作为存储结构,因此是动态查找表的一种适宜表示。

4.二叉排序树的删除

同样,在二叉排序树上删除一个结点也很方便。对于一般的二叉树来说,删除树中一个结点是没有意义的,因为它将使已被删结点为根的子树成为森林,破坏了整棵树的结构。然而,对于二叉排序树,删除树上一个结点相当于删除有序序列中的一个记录,只要在删除某个结点之后依旧保持二叉排序树的特性即可。

那么,如何在二叉排序树上删除一个结点呢?假设在二叉排序树上被删结点为 $*p$(指向结点的指针为 p),其双亲结点为 $*f$(结点指针为 f),且不失一般性,可设 $*p$ 是 $*f$ 的左孩子。

下面分3种情况进行讨论:

(1)若 $*p$ 结点为叶子结点,即 P_L 和 P_R 均为空树。由于删去叶子结点不破坏整棵树的结构,则只需修改其双亲结点的指针即可。

(2)若 $*p$ 结点只有左子树 P_L 或者只有右子树 P_R,此时只要令 P_L 或 P_R 直接成为其双

亲结点 * f 的左子树即可。显然,作此修改也不破坏二叉排序树的特性。

(3)若 * p 结点的左子树和右子树均不空,显然,此时不能如上简单处理。这种情况会稍微复杂一些,我们采用覆盖、再删除的方式进行解决。直接将有左子树也有右子树的结点删除似乎不是很好实现,因为这样会破坏二叉排序树的结果。我们可以间接地分为以下两步:

第一步:查找删除结点右子树中最小的那个值,也就是右子树中位于最左方的那个结点,然后将这个结点的值的父结点记录下来,并且将该结点的值赋给我们要删除的结点,也就是覆盖。

第二步:将右子树中最小的那个结点删除,该结点肯定符合上述三种情况的某一种情况,所以可以使用上述的方法进行删除。

在二叉排序树中删除一个结点的算法如下所示。

```
Status DeleteBST( BiTree &T, KeyType key){
    //若二叉排序树 T 中存在关键字等于 key 的数据元素,则删除该数据元
    //素结点,并返回 TRUE;否则返回 FALSE
    if( !T)    return FALSE;        //不存在关键字等于 key 的数据元素
    else{
    if( EQ( key, T - > data. key)){returnDelete(T)}; //找到关键字等于 key 的数据元素
    else if( LT ( key, T - > data. key))    return DeleteBST( T - > lchild, key);
    else return DeleteBST( T - > rchild, key);
}//DeleteBST
```

由前述 3 种情况综合所得的删除操作算法如下所示。

```
Status Delete( BiTree &p){
    //从二叉排序树中删除结点 p,并重接它的左或右子树
    if( !p - > rchild){//右子树空则只需重接它的左子树
        q = P;p = p - > lchild;    free( q);
    }
else if ( !p - > lchild){    //重接它的右子树
    q = p;    p = p - > rchild;        free( q);
    }
    else{//左右子树均不空
        q = p; s = p - > lchild;
    while( s - > rchild){q = s; s = s - > rchild}//转左,然后向右到尽头
    p - > data = s - > data;                //s 指向被删结点的“前驱”
    if( q! = p) q - > rchild = s - > lchild;        //重接 * q 的右子树
    else q - > lchild = s - > lchild;            //重接 * q 的左子树
    delete s;
    }
    return TRUE;
}//Delete
```

含有 n 个结点的二叉排序树的平均查找长度和树的形态有关。当先后插入的关键字

有序时,构成的二叉排序树蜕变为单支树,树的深度为 n,其平均查找长度为 $(n+1)/2$(和顺序查找相同),这是最差的情况。显然,最好的情况是二叉排序树的形态和折半查找的判定树相同,其平均查找长度和 $\log_2 n$ 成正比。那么,它的平均性能如何呢?

假设在含有 $n(n \geq 1)$ 个关键字的序列中,i 个关键字小于第 1 个关键字,$n-i-1$ 个关键字大于第 1 个关键字,则由此构造而得的二叉排序树在 n 个记录的查找概率相等的情况下,其平均查找长度为

$$P(n,i) = \frac{1}{n}(1 + i \times p(i) + 1) + p(n-i-1) + 1)$$

其中,$p(i)$ 为含有 t 个结点的二叉排序树的平均查找长度,则 $p(i)+1$ 为查找左子树中每个关键字时所用比较次数的平均值,$p(n-i-1)+1$ 为查找右子树中每个关键字时所用比较次数的平均值。

7.3 哈 希 表

7.3.1 哈希表的概念

在各种数据结构(线性表、图、树等)中,记录在结构中的相对位置是随机的,和记录的关键字之间没有确定的关系,因此,在结构中查找记录时需进行一系列和关键字的比较。在顺序查找时,比较的结果为相等与不相等两种可能;在折半查找、二叉排序树查找进行查找时,比较的结果为小于、等于和大于三种可能。查找的效率依赖于查找过程中所进行的比较次数。

那么,最理想的情况是希望不经过任何比较,一次存取便能得到所查记录,那就必须在记录的存储位置和它的关键字之间建立一个确定的对应关系 f,使每个关键字和结构中一个唯一的存储位置相对应。因而在查找时,只要根据这个对应关系 f 找到给定值 K 的像 $f(K)$,若结构中存在关键字和 K 相等的记录,则必定在 $f(K)$ 的存储位置上,因此,不需要进行比较便可直接取得所查记录。在此,我们称这个对应关系 f 为哈希(Hash)函数,按这个思想建立的表为哈希表。

下面举一个哈希表的最简单的例子。假设要建立一张全国 31 个省市的各民族人口统计表,每个地区为一个记录:

显而易见,可以用一个一维数组 $C(1..31)$ 来存放这张表,其中 $C[i]$ 是编号为 i 的地区的人口情况,编号 i 便为记录的关键字,由它唯一确定记录的存储位置 $C[i]$。例如:假设北京市的编号为 1,则若要查看北京市的各民族人口,只要取出 $C[1]$ 的记录即可。假如把这个数组看成是哈希表,则哈希函数 $f(key)=key$。然而,很多情况下的哈希函数并不如此简单。仍以此为例,为了查看方便应以地区名作为关键字。假设地区名以汉语拼音的字符表示,则不能简单地取哈希函数 $f(key)=key$,而是首先要将它们转化为数字,有时还要作些简单的处理。例如,我们可以有这样的哈希函数:①取关键字中第一个字母在字母表中的序号作为哈希函数。例如:BEI JING 的哈希函数值为字母"B"在字母表中的序号,等于02;或②先求关键字的第一个和最后一个字母在字母表中的序号之和,然后判别这个和值,若比31(表长)大,则减去31。例如:TIAN JIN 的首尾两个字母"T"和"N"的序号之和为34,故取

03 为它的哈希函数值;或③先求每个汉字的第一个拼音字母的 ASCII 码(和英文字母相同)之和的八进制形式,然后将这个八进制数看成是十进制数再除以 31 取余数,若余数为零则加上 31 成为哈希函数值。例如:HE NAN 的头两个拼音字母为"H"和"N",它们的 ASCII 码之和为$(226)_8$,以$(226)_{10}$除以$(31)_{10}$得余数为 9,则 9 为 HE NAN 的哈希函数值,记录在数组中的下标值中。上述人口统计表中部分关键字在这 3 种不同的哈希函数情况下的哈希函数值如表 7.2 所示。

表 7.2 简单的哈希函数示例

key	BEI JING 北京	TIAN JIN 天津	HE NAN 河南
$f_1(key)$	02	20	08
$f_2(key)$	08	03	21
$f_3(key)$	23	13	9

从这个例子可见:

(1)哈希函数是一个映像,因此哈希函数的设定很灵活,只要使得任何关键字由此所得的哈希函数值都落在表长允许范围之内即可;

(2)对不同的关键字可能得到同一哈希地址,即 $key1 \neq key2$,而 $f(key1) = f(key2)$,这种现象称为冲突。具有相同函数值的关键字对该哈希函数来说称为同义词。这种现象给建表造成了困难。

然而,在一般情况下,冲突只能尽可能地少,而不能完全避免,因为,哈希函数是从关键字集合到地址集合的映像。通常,关键字集合比较大,它的元素包括所有可能的关键字,而地址集合的元素仅为哈希表中的地址值。假设表长为 n,则地址为 0 到 $n-1$。例如,在 C 语言的编译程序中可对源程序中的标识符建立一张哈希表。在设定哈希函数时考虑的关键字集合应包含所有可能产生的关键字。假设标识符定义为以字母为首的 8 位字母或数字,则关键字(标识符)的集合大小为 $C_{52}^1 \times C_{62}^7 \times 7!$ $= 1.288\,899 \times 10^{14}$,而在一个源程序中出现的标识符是有限的,地址集合中的元素通常为 0 到 999。因此,在一般情况下,哈希函数是一个压缩映像,这就不可避免地产生冲突。因此,在建造哈希表时不仅要设定一个"好"的哈希函数,而且要设定一种处理冲突的方法。

综上所述,可如下描述哈希表:哈希表(也可以称为散列表)是根据关键码值而直接进行访问的数据结构。也就是说,它通过把关键码值映射到表中一个位置来访问记录,以加快查找的速度。这个映射函数叫作散列函数,存放记录的数组叫作散列表。

给定表 M,存在函数 $f(key)$ 对任意给定的关键字值 key,代入函数后若能得到包含该关键字的记录在表中的地址,则称表 M 为哈希(Hash)表,称函数 $f(key)$ 为哈希函数。哈希函数能使对一个数据序列的访问过程更加迅速有效,通过哈希函数,数据元素将被更快地定位。

为此在建立一个哈希表之前需要解决两个主要问题:

(1)构造一个合适的哈希函数,均匀性 $H(key)$ 的值均匀分布在哈希表中,尽可能地简单以提高地址计算的速度。

(2)冲突的处理。冲突是指在哈希表中,不同的关键字值对应到同一个存储位置的现象,即关键字 $K1 \neq K2$,但 $H(K1) = H(K2)$。均匀的哈希函数可以减少冲突,但不能避免冲突。发生冲突后,必须解决,即必须寻找下一个可用的地址。

7.3.2 哈希函数的构造方法

构造哈希函数的方法有很多种。首先我们需要明确什么才是"好"的哈希函数。

若对于关键字集合中的任意一个关键字,经哈希函数映像到地址集合中任何一个地址的概率是相等的,则称此类哈希函数为均匀的哈希函数。换句话说,就是使关键字经过哈希函数得到一个"随机的地址",以便使一组关键字的哈希地址均匀分布在整个地址区间中,从而减少冲突。

常用的构造哈希函数的方法有以下几种。

1. 直接定址法

取关键字或关键字的某个线性函数值为哈希地址。即

$$H(key) = key \text{ 或 } H(key) = a \cdot key + b$$

其中,a 和 b 为常数(这种哈希函数叫作自身函数)。

由于直接定址所得地址集合和关键字集合的大小相同,因此,对于不同的关键字不会发生冲突。例如:有一个从 1 到 100 岁的人口数字统计表,其中,年龄作为关键字,哈希函数取关键字自身(实际中能使用这种哈希函数的情况很少)。

2. 数字分析法

假设关键字是以 r 为基的数(如以 10 为基的十进制数),并且哈希表中可能出现的关键字都是事先知道的,则可取关键字的若干数位组成哈希地址。如学生的出生日期数据如表 7.3 所示。

表 7.3 学生出生日期表

学生编号	1	2	3	4	5	6	…
年	98	99	98	97	98	99	…
月	08	12	07	03	05	09	…
日	12	04	25	17	30	29	…

经分析,第一位、第二位和第三位重复的可能性大,取这三位会增加冲突的概率,所以尽量不取前三位,取后三位比较适合。

3. 平方取中法

取关键字平方后的中间几位为哈希地址,这是一种较常用的构造哈希函数的方法。通常在选定哈希函数时不一定能知道关键字的全部情况,取其中哪几位也不一定合适,而一个数平方后的中间几位数和数的每一位都相关,由此使随机分布的关键字得到的哈希地址也是随机的,取的位数由表长决定。

例如:为 BASIC 源程序中的标识符建立一个哈希表。假设 BASIC 语言中允许的标识符为一个字母,或一个字母和一个数字,在计算机内可用两位八进制数表示字母和数字。

4. 折叠法

将关键字分割成位数相同的几部分(最后一部分的位数可以不同),然后取这几部分的叠加和(舍去进位)作为哈希地址,该方法称为折叠法。关键字位数很多,而且关键字中每一位上数字分布大致均匀时,可以采用折叠法得到哈希地址。

例如:每一种图书都有一个国际标准图书编号(ISBN),它是一个 13 位的十进制数字,若要以它作关键字建立一个哈希表,当馆藏书种类不到 10 000 时,可采用折叠法构造一个四位数的哈希函数。

在折叠法中数位叠加分为移位叠加和间界叠加两种方法:移位叠加是将分割后的每一部分的最低位对齐,然后相加;间界叠加是从一端向另一端沿分割界来回折叠,然后对齐相加。

5. 除留余数法

取关键字被某个不大于哈希表表长 m 的数 p 除后所得余数为哈希地址。即

$$H(key) = key \bmod p, p \leqslant m$$

这是一种最简单、最常用的构造哈希函数的方法。它不仅可以对关键字直接取模(MOD),也可在折叠、平方取中等运算之后取模。

值得注意的是,在使用除留余数法时,p 的选择很重要。若 p 选得不好,容易产生同义词。一般情况下,可以选 p 为质数或不包含小于 20 的质因数的合数。

6. 随机函数法

选择一个随机函数,取关键字的随机函数值为它的哈希地址,即 $H(key) = random(key)$,其中 random 为随机函数。通常,当关键字长度不等时采用此法构造哈希函数较恰当。

实际工作中需视不同的情况采用不同的哈希函数。通常考虑的因素有:

(1)计算哈希函数所需时间(包括硬件指令的因素);

(2)关键字的长度;

(3)哈希表的大小;

(4)关键字的分布情况;

(5)记录的查找频率。

若已知哈希函数及冲突处理方法,哈希表的建立步骤如下:

(1)取出一个数据元素的关键字 key,计算其在哈希表中的存储地址 $D = H(key)$。若存储地址为 D 的存储空间还没有被占用,则将该数据元素存入;否则发生冲突,执行(2)。

(2)根据规定的冲突处理方法,计算关键字为 key 的数据元素的下一个存储地址。若该存储地址的存储空间没有被占用,则存入;否则继续执行(2),直到找出一个存储空间没有被占用的存储地址为止。

7.3.3 处理冲突的方法

冲突即是在哈希表中不同的关键字值对应到同一个存储位置的现象,即关键字 $K1 \neq K2$,但 $H(K1) = H(K2)$。均匀的哈希函数可以减少冲突,但不能避免冲突。发生冲突后,必须解决,即必须寻找下一个可用地址。

均匀的哈希函数可以减少冲突,但不能避免,因此如何处理冲突是哈希造表不可缺少的另一方面。

通常处理冲突的方法有以下几种。

1. 开放定址法

当冲突发生时,形成一个探查序列,沿此序列逐个地址探查,直到找到一个空位置(开放的地址),将发生冲突的记录放到该地址中。

如果 $h(k)$ 已经被占用,按如下序列探查 $:(h(k)+p(1))\% T_{\text{Size}},(h(k)+p(2))\% T_{\text{Size}},$ $\cdots,(h(k)+p(i))\% T_{\text{Size}}$。

其中,$h(k)$ 为哈希函数,T_{Size} 为哈希表长,$p(i)$ 为探查函数。在 $h(k)+p(i-1))\% T_{\text{Size}}$ 的基础上,若发现冲突,则使用增量 $p(i)$ 进行新的探测,直至无冲突出现为止。其中,根据探查函数 $p(i)$ 的不同,开放定址法又分为线性探查法($p(i)=i:1,2,3,\cdots$)、二次探查法($p(i)=(-1)^{(i-1)}\times((i+1)/2)^2$,探查序列依次为 $1,-1,4,-4,9\cdots$)、随机探查法($p(i)$ 为随机数)和双散列函数法(双散列函数 $h(key)$ 和 $hp(key)$,若 $h(key)$ 出现冲突,则再使用 $hp(key)$ 求取散列地址。探查序列为 $h(k),h(k)+hp(k),\cdots,h(k)+i\times hp(k)$)。

2. 多次哈希法

多次哈希法也称为再哈希法,是指构造若干个哈希函数,当发生冲突时,计算下一个哈希地址,即

$$H_i = RH_i(key) \quad i = 1,2,\cdots,k$$

其中,RH_i 为不同的哈希函数。

3. 链地址法

链地址法也称为拉链法,是指将所有关键字为同义词的记录存储在一个单链表中,并用一维数组存放头指针。

将具有同一散列地址的记录存储在一条线性链表中。假设某哈希函数产生的哈希地址在区间 $[0,m-1]$ 上,则设立一个指针型向量 ChainHash[m]。其每个分量的初始状态都是空指针。凡哈希地址为 i 的记录都插入到头指针为 ChainHash[i] 的链表中。操作时链表中的插入位置可以在表头或表尾,也可以在中间,以保证同义词在同一线性链表中按关键字有序。以一个动态链表代替静态顺序存储结构,可以避免哈希函数的冲突,缺点是链表的设计过于烦琐,增加了编程复杂度。此法可以完全避免哈希函数的冲突。

在哈希表上进行查找的过程和哈希造表的过程基本一致。给定 K 值,根据造表时设定的哈希函数求得哈希地址,若表中此位置上没有记录,则查找不成功;否则比较关键字,若和给定值相等,则查找成功;否则根据造表时设定的处理冲突的方法找"下一地址",直至哈希表中某个位置为"空"或者表中所填记录的关键字等于给定值时为止。

从哈希表的查找过程可见:

(1)虽然哈希表在关键字与记录的存储位置之间建立了直接映像,但由于"冲突"的产生,使得哈希表的查找过程仍然是一个给定值和关键字进行比较的过程,因此,仍需以平均查找长度作为衡量哈希表查找效率的量度;

(2)在查找过程中需和给定值进行比较的关键字的个数取决于下列三个因素,即哈希函数、处理冲突的方法和哈希表的装填因子。

哈希函数的"好坏"首先影响出现冲突的频繁程度。但是,对于"均匀的"哈希函数可以假定不同的哈希函数对同一组随机的关键字产生冲突的可能性相同,因为一般情况下设定的哈希函数是均匀的,则可不考虑它对平均查找长度的影响。

对同样一组关键字,设定相同的哈希函数,则不同的处理冲突的方法得到的哈希表不同,它们的平均查找长度也不同。容易看出,线性探测再散列在处理冲突的过程中易产生记录的二次聚集,即使得哈希地址不相同的记录又产生新的冲突;而链地址法处理冲突不会发生类似情况,因为哈希地址不同的记录在不同的链表中。

一般情况下,处理冲突方法相同的哈希表,其平均查找长度依赖于哈希表的装填因子。

所谓的装填因子 α = 填入表中的记录个数/散列表长度。α 标志着散列表的装满的程度。当填入表中的记录越多,α 就越大,产生冲突的可能性就越大,填入最后一个关键字产生冲突的可能性就越大。也就是说,散列表的平均查找长度取决于装填因子,而不是取决于查找集合中的记录个数。不管记录个数 n 有多大,我们总可以选择一个合适的装填因子以便将平均查找长度限定在一定范围之内,此时散列查找的时间复杂度为 $O(1)$。为了做到这一点,通常我们都是将散列表的空间设置得比查找集合大,此时虽然浪费了一定的空间,但换来的是查找效率的大大提升,总的来说,还是非常值得的。

练 习

7.1 顺序查找法适合于存储结构为_____的线性表。

A. 散列存储　　　　　　B. 顺序存储或链接存储

C. 压缩存储　　　　　　D. 索引存储

7.2 对线性表进行折半(二分)查找时,要求线性表必须_____。

A. 以顺序方式存储

B. 以链接方式存储

C. 以顺序方式存储,且结点按关键字有序排序

D. 以链接方式存储,且结点按关键字有序排序

7.3 采用顺序查找方法查找长度为 n 的线性表时,每个元素的平均查找长度为_____。

A. n　　　　　B. $n/2$　　　　　C. $(n+1)/2$　　　　D. $(n-1)/2$

7.4 采用二分查找方法查找长度为 n 的线性表时,每个元素的平均查找长度为_____。

A. $O(n^2)$　　　B. $O(n\log_2 n)$　　C. $O(n)$　　　　　D. $O(\log_2 n)$

7.5 二分查找和二叉排序树的时间性能_____。

A. 相同　　　　B. 不相同

7.6 有一个有序表为 $\{1,3,9,12,32,41,45,62,75,77,82,95,100\}$,当二分查找值为 82 的结点时,_____次比较后查找成功。

A. 1　　　　　B. 2　　　　　C. 4　　　　　　　D. 8

7.7 设哈希表长 $m=14$,哈希函数 $H(key)=key\%11$。表中已有 4 个结点:addr (15) = 4;addr (38) = 5;addr (61) = 6;addr (84) = 7。如用二次探测再散列处理冲突,关键字为 49 的结点的地址是_____。

A. 8　　　　　B. 3　　　　　C. 5　　　　　　D. 9

7.8 有一个长度为 12 的有序表,按二分查找法对该表进行查找,在表内各元素等概率情况下查找成功所需的平均比较次数为_____。

A. 35/12　　　B. 37/12　　　C. 39/12　　　　D. 43/12

7.9 对于静态表的顺序查找法,若在表头设置岗哨,则正确的查找方式为_____。

A. 从第 0 个元素往后查找该数据元素

B. 从第 1 个元素往后查找该数据元素

C. 从第 n 个元素开始往前查找该数据元素

D. 与查找顺序无关

7.10 解决散列法中出现的冲突问题常采用的方法是_____。

A. 数字分析法、除余法、平方取中法

B. 数字分析法、除余法、线性探测法

C. 数字分析法、线性探测法、多重散列法

D. 线性探测法、多重散列法、链地址法

7.11 采用线性探测法解决冲突问题,所产生的一系列后继散列地址_____。

A. 必须大于等于原散列地址

B. 必须小于等于原散列地址

C. 可以大于或小于但不能等于原散列地址

D. 地址大小没有具体限制

7.12 在查找表的查找过程中,若被查找的数据元素不存在,则把该数据元素插入到集合中。这种方式主要适合于_____。

A. 静态查找表   B. 动态查找表

C. 静态查找表与动态查找表   D 两种表都不适合

7.13 散列表的平均查找长度_____。

A. 与处理冲突方法有关而与表的长度无关

B. 与处理冲突方法无关而与表的长度有关

C. 与处理冲突方法有关且与表的长度有关

D. 与处理冲突方法无关且与表的长度无关

7.14 顺序查找法的平均查找长度为_____;折半查找法的平均查找长度为_____;哈希表查找法采用链接法处理冲突时的平均查找长度为_____。

7.15 在各种查找方法中,平均查找长度与结点个数 n 无关的查找方法是_____。

7.16 折半查找的存储结构仅限于_____,且是_____。

7.17 假设在有序线性表 $A[1..20]$ 中进行折半查找,则比较一次查找成功的结点数为_____,则比较二次查找成功的结点数为_____,则比较三次查找成功的结点数为_____,则比较四次查找成功的结点数为_____,则比较五次查找成功的结点数为_____,平均查找长度为_____。

7.18 对于长度为 n 的线性表,若进行顺序查找,则时间复杂度为_____;若采用折半法查找,则时间复杂度为_____。

7.19 已知有序表为 $(12,18,24,35,47,50,62,83,90,115,134)$,当用折半查找 90 时,需进行_____次查找可确定成功;查找 47 时,需进行_____次查找成功;查找 100 时,需进行_____次查找才能确定不成功。

7.20 二叉排序树的查找长度不仅与_____有关,也与二叉排序树的_____有关。

7.21 一个无序序列可以通过构造一棵_____树而变成一个有序树,构造树的过程即为对无序序列进行排序的过程。

7.22 _____法构造的哈希函数肯定不会发生冲突。

7.23 在哈希(散列)函数 $H(key) = key\%p$ 中,p 应取_____。

习题选解

7.1 B

7.2 C

7.4 B

7.6 D

7.9 C

7.10 D

7.16 顺序存储结构、有序的

7.19 2,4,3

7.20 结点个数 n、生成过程

7.21 二叉排序树

7.22 直接定址

7.23 素数

第8章 排　序

排序是解决实际问题过程中对信息（数据）进行处理的一种常用运算和重要操作。它的功能是将一个数据元素（或记录）的任意序列，重新排列成一个按关键字有序的序列。如将某个班级的"数据结构"课程成绩按高分到低分的次序排序、某著名搜索引擎运行后得到的网页按与检索词的相关性或时间进行排序等。一般地，排序操作对时间、空间性能有较高的要求，优秀的排序方法能大大提高算法的执行效率，如查找算法等。本章将对排序的基本概念、几种经典的内部排序算法及其优缺点以及适用场合进行详细的介绍。

为了便于讨论，首先对部分概念进行定义。假设含 n 个记录的序列为 $\{R_1,R_2,\cdots,R_n\}$，其相应的关键字序列为 $\{K_1,K_2,\cdots,K_n\}$，需确定 $1,2\cdots,n$ 的一种排列队 $P_1,P_2\cdots,P_n$，使其相应的关键字满足如下的非递减（或非递增）的关系，即使原序列按关键字有序排列，这样的一种操作称为排序（Sorting）。

目前，排序的分类大致有如下两种方法。

（1）按是否稳定分为稳定排序和非稳定排序。假设在待排序的文件中，存在两个或两个以上的记录具有相同的关键字，在用某种排序法排序后，若这些相同关键字的元素的相对次序仍然不变，则这种排序方法是稳定的，称之为稳定排序；反之，属于非稳定排序。

（2）按排序过程中涉及的存储器不同，又分为内部排序和外部排序。内部排序是指待排序记录存放在内存中进行的排序过程。外部排序是指待排序记录数量巨大，以致排序过程不能在内存中完成，需要内外存交互访问才能完成排序的方法。

另外，对于内部排序而言，如果按排序过程中依据的不同原则对内部排序方法进行分类，则大致可分为插入排序、交换排序、选择排序、归并排序和基数排序等五类；如果按内部排序过程中所需的工作量来区分，则可分为三类：简单的排序方法，其时间复杂度为 $O(n^2)$；先进的排序方法，其时间复杂度为 $O(n\log n)$；基数排序，其时间复杂度为 $O(d \cdot n)$。

通常，在排序的过程中需进行下列两种基本操作：比较两个关键字的大小；将记录从一个位置移动至另一个位置。根据待排序的记录序列的存储方式不同，处理方式也不同。在本章的讨论中，假设待排序的一组记录存放在地址连续的一组存储单元中，类似于线性表的顺序存储结构，在序列中相邻的两个记录 R_j 和 $R_{j+1}(j=1,2,\cdots,n-1)$，它们的存储位置也相邻。在这种存储方式中，记录之间的次序关系由其存储位置决定，则实现排序必须移动记录。

同时，为了讨论方便，假设记录的关键字均为整数，待排记录的数据类型设为：

```
typedef int   KeyType;          //关键字类型为整数类型
typedef   struct {
    KeyType    key;             //关键字项
    InfoType   otherinfo;       //其他数据项
} RcdType;                      //记录类型
typedef   struct {
```

RcdType r[MAXSIZE + 1]；　　// r[0]闲置
　　int　　length；　　　　　　　// 顺序表长度
}SqList；　　　　　　　　　　// 顺序表类型

8.1　插　入　排　序

插入排序是一种简单、易理解和方便实现的排序方法。它的基本操作是将一个记录插入到已经排好顺序的记录表中,最终,使该待排序记录仍然保持有序且记录数量加一。本书主要讨论直接插入排序,其思想是从待排序记录中已经有序的子序列最后一个数据元素开始,按顺序逐个往前与待插入记录的关键字进行比较,然后将后续关键字依次后移,最后将该记录插入相应的位置。

例如,已知待排序的一组记录的初始排列为 $R(35),R(48),R(76),R(59),R(22),R(48),R(95),R(83)$。在排序过程中,前 4 个记录已按关键字递增的次序重新排列,构成含有 4 个记录的有序序列：

$$\{R(35),R(48),R(59),R(76)\}$$

现要将初始排列中第 5 个(即关键字为 22 的)记录插入上述序列,以得到一个新的含 5 个记录的有序序列,则首先要在上面序列中进行查找以确定 $R(22)$ 所应插入的位置,然后进行插入。假设从 76 起向左进行顺序查找,由于 $22 < 35$,则 $R(22)$ 应插入在 $R(35)$ 之前,从而得到下列新的有序序列：

$$\{R(22),R(35),R(48),R(59),R(76)\}$$

则称上述的过程为一趟直接插入排序。

一般情况下,第 i 趟直接插入排序的操作为:在含有 $i-1$ 个记录的有序子序列 $r[1..i-1]$ 中插入一个记录 $r[i]$ 后,变成含有 i 个记录的有序子序列 $r[1..i]$,和顺序查找类似,为了在查找插入位置的过程中避免数组下标出界,在 $r[0]$ 处设置监视哨。在自 $i-1$ 起往前搜索的过程中,可以同时后移记录。整个排序过程进行 $n-1$ 趟插入,即先将序列中的第 1 个记录看成是一个有序的子序列,然后从第 2 个记录起逐个进行插入,直至整个序列变成按关键字非递减有序序列为止。

直接插入排序算法描述如下：

```
void DreInsertionSort ( SqList &L )
  {
  //对顺序表 L 作直接插入排序。
  for ( i = 2; i < = L.length; ++i )
      if ( L.r[i].key < L.r[i-1].key ) {
      L.r[0] = L.r[i];                // 复制为监视哨
      for ( j = i-1; L.r[0].key < L.r[j].key;  --j )
      L.r[j+1] = L.r[j];             // 记录后移
      L.r[j+1] = L.r[0];             // 插入到正确位置
    }
  }                 //InsertSort
```

上面例子进行直接插入排序的过程如下图8.1所示。

初始关键字:		(35)	48	76	59	22
$i=2$	48	(35	48)	76	59	22
$i=3$	(76)	(35	48	76)	59	22
$i=4$	(59)	(35	48	59	76)	22
$i=5$	(22)	(22	35	48	59	76)
$i=6$	(48)	(22	35	48	48	59
$i=7$	(95)	(22	48	48	59	95)
$i=8$	(83)	(22	48	48	83	95)

图 8.1　直接插入排序过程

如上图8.1所示,从空间来看,它只需要一个记录的辅助空间;从时间来看,排序的基本操作为比较两个关键字的大小和移动记录。先分析一趟插入排序的情况:直接插入排序算法中每层的 for 循环的次数取决于待插记录的关键字与前 $i-1$ 个记录的关键字之间的关系。若 $L.r[i].key < L.r[1].key$,则在内循环中,待插记录的关键字需与有序子序列 $L.r[1..i-1]$ 中 $i-1$ 个记录的关键字和监视哨中的关键字进行比较,并将 $L.r[1..i-1]$ 中 $i-1$ 个记录后移。则在整个排序过程(进行 $n-1$ 趟插入排序)中,当待排序列中记录按关键字非递减有序排列(以下称之为"正序")时,所需进行关键字间比较的次数达最小值 $n-1$(即 $\sum_{i=2}^{n} i$),记录不需移动;反之,当待排序列中记录按关键字非递增有序排列(以下称之为"逆序")时,总的比较次数达最大值 $(n+2)(n-1)/2$,即 $\sum_{i=2}^{n}(i+1)$,记录移动的次数也达最大 $(n+4)(n-1)/2$。若待排序记录是随机的,即待排序列中的记录可能出现的各种排列的概率相同,则我们可取上述最小值和最大值的平均值,作为直接插入排序时所需进行关键字间的比较次数和移动记录的次数,约为 $n^2/4$。由此,直接插入排序的时间复杂度为 $O(n^2)$。

8.2　交　换　排　序

8.2.1　冒泡排序

交换排序是通过不断交换待排序列的位置,最终完成待排序序列的排序任务,即通过"交换"的方法进行排序,其中最简单、最易于理解的是冒泡排序。

冒泡排序的过程很简单。首先将第一个记录的关键字和第二个记录的关键字进行比较,若为逆序(即 $L.r[1].key > L.r[2].key$),则将两个记录交换,然后比较第二个记录和第三个记录的关键字,依次类推,直至第 $n-1$ 个记录和第 n 个记录的关键字进行过比较为止。上述过程称为第一趟冒泡排序,其结果使得关键字最大的记录被安置到最后一个记录的位置上。然后进行第二趟冒泡排序,对前 $n-1$ 个记录进行同样操作,其结果是使关键字次大的记录被安置到第 $n-1$ 个记录的位置上。一般地,第 t 趟冒泡排序是从 $L.r[1]$ 到 $L.r[n-t+1]$ 依次比较相邻两个记录的关键字,并在"逆序"时交换相邻记录,其结果是这 $n-t+1$

个记录中关键字最大的记录被交换到第 $n-t+1$ 的位置上。整个排序过程需进行 $k(1 \leqslant k < n)$ 趟冒泡排序,显然,判别冒泡排序结束的条件应该是"在一趟排序过程中没有进行过交换记录的操作"。

冒泡排序算法描述如下:

```
void BubbleSort( int a[ ], int n)
{
    int i, j, temp;
    for( j = 0;j < n - 1;j + + )
        for( i = 0;i < n - 1 - j;i + + )
        {
            if( a[ i ] > a[ i + 1 ])//比较相邻的两个元素
            {
                temp = a[ i ];
                a[ i ] = a[ i + 1 ];
                a[ i + 1 ] = temp;
            }//若前一个元素大于后面的元素,则交换位置
        }
}
```

若文件的初始状态是正序的,一趟扫描即可完成排序。所需的关键字比较次数 C 和记录移动次数 M 均达到最小值: $C_{min} = n - 1, M_{min} = 0$。所以,冒泡排序最好的时间复杂度为 $O(n)$。

若初始文件是反序的,需要进行 $n-1$ 趟排序。每趟排序要进行 $n-i$ 次关键字的比较 $(1 \leqslant i \leqslant n - 1)$,且每次比较都必须移动记录三次来达到交换记录位置。在这种情况下,比较和移动次数均达到最大值,即

$$C_{max} = n(n - 1)/2 = O(n^2)$$
$$M_{max} = 3n(n - 1)/2 = O(n^2)$$

冒泡排序的最坏时间复杂度为 $O(n^2)$,因此冒泡排序总的平均时间复杂度为 $O(n^2)$。

8.2.2　快速排序

快速排序(Quick Sort)是对冒泡排序的一种改进。它的基本思想是通过一趟排序将待排序记录分割成独立的两部分,其中一部分记录的关键字均比另一部分记录的关键字小,则可分别对这两部分记录继续进行排序,以达到整个序列有序。

假设待排序的序列为 $\{L.r[s], L.r[s+1], \cdots, L.r[t]\}$,首先任意选取一个记录(通常可选第一个记录 L.r[s])作为枢轴(或支点),然后按下述原则重新排列其余记录:将所有关键字较它小的记录都安置在它的位置之前,将所有关键字较它大的记录都安置在它的位置之后,由此可以将"枢轴"记录最后所落的位置 t 作为分界线。一趟快速排序的具体做法是:附设两个指针 low 和 high,设枢轴记录的关键字为 pivotkey,则首先从 high 所指位置起向前搜索找到第一个关键字小于 pivotkey 的记录和枢轴记录互相交换,然后从 low 所指位置起向后搜索,找到第一个关键字大于 pivotkey 的记录和枢轴记录互相交换,重复这两步直至 low = high 为止。其算法如下所示。

```
int Partition（RedType& R［］，int low，int high）
{
    pivotkey = R［low］.key；
    while（low < high）{
        while（low < high && R［high］.key > = pivotkey）
            －－high；
        R［low］= R［high］；
        while（low < high && R［low］.key < = pivotkey）
            ++low；
        R［low］= R［high］；
    }
    return low；              //返回枢轴所在位置
}//Partition
```

具体实现上述算法时,每交换一对记录需进行 3 次移动(赋值)记录的操作。而实际上,在排序过程中对枢轴记录的赋值是多余的,因为只有在一趟排序结束时,即 low = high 的位置才是枢轴记录的最后位置。由此可改写上述算法,先将枢轴记录暂存在 $r［0］$ 的位置上,排序过程中只作 $r［low］$ 或 $r［high］$ 的单向移动,直至一趟排序结束后再将枢轴记录移至正确位置上。

```
int Partition（RedType R［］,int low,int high）
{
    R［0］= R［low］；  pivotkey = R［low］.key；  //枢轴
    while（low < high）
    {
        while（low < high && R［high］.key > = pivotkey）
            －－high；       //从右向左搜索
        R［low］= R［high］；
        while（low < high && R［low］.key < = pivotkey）
            ++low；         //从左向右搜索
        R［high］= R［low］；
    }
    R［low］= R［0］；
    return low；
}//Partition
```

一趟快速排序的过程如图 8.2 所示,整个快速排序的过程可以通过递归进行。若待排序列中只有一个记录,显然已有序。

初始关键字		49	38	65	97	76	13	27	<u>49</u>
进行第一次交换之后:		27	38	65	97	76	13		<u>49</u>
进行第二次交换之后:		27	38		97	76	13	65	<u>49</u>
进行第三次交换之后:		27	38		97	76		65	<u>49</u>
进行第四次交换之后:		27	38	13		76	97	65	<u>49</u>
完成一趟排序:		27	38	13	**49**	76	97	65	<u>49</u>

图 8.2　快速排序过程

递归形式的快速排序算法如下所示。

```
void QSort（RedType & R[ ]，int s，int t ）
  ｛
  //对记录序列 R[s..t]进行快速排序
  if(s < t − 1)
  ｛                 //长度大于 1
    pivotloc = Partition（R，s，t）;
                    //对 R[s..t]进行一次划分
QSort(R，s，pivotloc − 1）;
      //对低子序列递归排序，pivotloc 是枢轴位置
QSort(R，pivotloc + 1，t）;     //对高子序列递归排序
  ｝
｝//QSort
```

第一次调用函数 Qsort 时，待排序记录序列的上、下界分别为 1 和 L. length。

```
void QuickSort（ SqList & L)
｛
  //对顺序表进行快速排序
  QSort(L. r，1，L. length）;
｝   //QuickSort
```

假设一次划分所得枢轴位置 $i = k$，则对 n 个记录进行快排所需时间为

$$T(n) = T_{pass}(n) + T(k − 1) + T(n − k)$$

其中，$T_{pass}(n)$ 为对 n 个记录进行一次划分所需时间。

若待排序列中记录的关键字是随机分布的，则 k 取 1 至 n 中任意一值的可能性相同。

由此可得快速排序所需时间的平均值为

$$T_{avg}(n) = c_n + \frac{1}{n} \sum_{k=1}^{n} \left[T_{avg}(k − 1) + T_{avg}(n − k) \right]$$

设 $T_{avg}(1) \leqslant b$，则可得结果为

$$T_{avg}(n) < \left(\frac{b}{2} + 2c \right)(n + 1) \ln(n + 1)$$

快速排序的时间复杂度为 $O(n\log n)$。

通常,快速排序被认为是在所有同数量级的排序方法中平均性能最好的。但是,若初始记录序列按关键字有序或基本有序时,快速排序将退化为冒泡排序,其时间复杂度为 $O(n^2)$。为改善快速排序的性能,通常依"三者取中"的法则来选取枢轴记录,即比较 L. r[s]. key、L. r[t]. key 和 L. r[⌊(s + t)/2⌋] key,取三者中其关键字接近中值的记录为枢轴。经验证明,采用三者取中的规则可大大改进快速排序在最坏情况下的性能。然而,即使如此,也不能使快速排序在待排序记录序列已按关键字有序的情况下达到 $O(n)$ 的时间复杂度。为此,可对算法进行如下修正:在指针 high 减 1 和 low 增 1 的同时进行"起泡"操作,即在相邻两个记录处于"逆序"时进行互换,同时在算法中附设两个布尔型变量分别指示指针 low 和 high 在从两端向中间的移动过程中是否进行过交换记录的操作,若指针 low 在从低端向中间的移动过程中没有进行交换记录的操作,则不再需要对低端的子表进行排序;类似地,若指针 high 在从高端向中间的移动过程中没有进行交换记录的操作,则不再需要对高端子表进行排序。显然,如此"划分"将进一步改善快速排序的平均性能。

8.3 选 择 排 序

选择排序(Selection Sort)的基本思想是:每一趟在 $n - i + 1(i = 1, 2, \cdots, n - 1)$ 个记录中选取关键字最小的记录作为有序序列中第 i 个记录。其中最简单且为读者最熟悉的是简单选择排序(Simple Selection Sort)。

一趟简单选择排序的操作是通过 $n - i$ 次关键字间的比较,从 $n - i + 1$ 个记录中选出关键字最小的记录,并和第 $i(1 \leqslant i \leqslant n)$ 个记录交换。

显然,对 L. r[1..n] 中记录进行简单选择排序的算法为:令 i 从 1 至 $n - 1$ 进行 $n - 1$ 趟选择操作。容易看出,简单选择排序过程中,所需进行记录移动的操作次数较少,最大值为 $3(n - 1)$。然而,无论记录的初始排列如何,所需进行的关键字间的比较次数相同,均为 $n(n - 1)/2$。因此,总的时间复杂度也是 $O(n^2)$。

```
void SelectSort (Elem R[ ], int n)
{
    //对记录序列 R[1..n]作简单选择排序。
    for (i = 1; i < n;  ++i)
    {
                //选择第 i 小的记录,并交换到位
        j = SelectMinKey(R, i);
                //在 R[i..n] 中选择关键字最小的记录
        if (i! =j)   R[i]⟷R[j];
                //与第 i 个记录交换
    }
} //SelectSort
```

对 n 个记录进行简单选择排序,所需进行的关键字间的比较次数为

$$\sum_{i=1}^{n-1}(n-i)=\frac{n(n-1)}{2}$$

移动记录的次数最小值为 0,最大值为 $3(n-1)$。

8.4 归 并 排 序

归并排序(Merging Sort)是一种典型的高效排序方法,借鉴"分治法"的思想来提高"归并"的效率。"归并"的含义是将两个或两个以上的有序表组合成一个新的有序表,而且无论是顺序存储结构还是链表存储结构,都可在 $O(m+n)$ 的时间量级上实现。假设初始序列含有 n 个记录,则可看成是 n 个有序的子序列,每个子序列的长度为 1,然后两两归并,如此重复,直至得到一个长度为 n 的有序序列为止,这种排序方法称为 2 - 路归并排序,如图 8.3 所示。

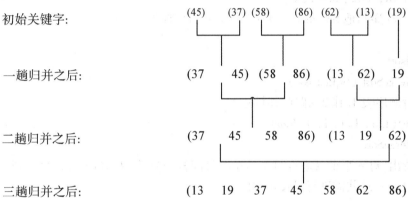

图 8.3 2 - 路归并排序

2 - 路归并排序中的核心操作是将一维数组中前后相邻的两个有序序列归并为一个有序序列,如下列算法所示。

```
void SMerge (RcdType SR[ ], RcdType &TR[ ], int i, int m, int n)
{
            //将有序的记录序列 SR[i..m]和 SR[m+1..n]
            //归并为有序的记录序列 TR[i..n]
for (j=m+1, k=i;  i<=m && j<=n;   ++k)
  {         //将 SR 中记录由小到大地并入 TR
if (SR[i].key<=SR[j].key)   TR[k]=SR[i++];
else TR[k]=SR[j++];
  }
if (i<=m) TR[k..n]=SR[i..m];
            //将剩余的 SR[i..m] 复制到 TR
if (j<=n) TR[k..n]=SR[j..n];
            //将剩余的 SR[j..n] 复制到 TR
}//Merge
```

如果无序序列 $R[s..t]$ 的两部分 $R[s..(s+t)/2]$ 和 $R[(s+t)/2+1..t]$,分别按关键字有序,则利用上述归并算法很容易将它们归并成一个有序序列。由此,应该先分别对这两部分进行 2 – 路归并排序。

```
void Msort ( RcdType SR[ ],RcdType &TR1[ ],int s,int t )
{
        // 将 SR[s..t] 归并排序为 TR1[s..t]
    if (s==t) TR1[s] = SR[s];
    else
        {m = (s+t)/2;
        //将 SR[s..t]平分为 SR[s..m]和 SR[m+1..t]
    Msort (SR, TR2, s, m);
        //递归地将 SR[s..m]归并为有序的 TR2[s..m]
    Msort (SR, TR2, m+1, t);
        //递归地 SR[m+1..t]归并为有序的 TR2[m+1..t]
        }
} //Msort
void MergeSort (SqList &L) {
    //对顺序表 L 作 2 – 路归并排序
    MSort(L.r, L.r, 1, L.length);
} //MergeSort
```

容易看出,对 n 个记录进行归并排序的时间复杂度为 $O(n\log n)$,即每一趟归并的时间复杂度为 $O(n)$,总共需进行 $[\log_2 n]$ 趟。

练 习

8.1　若需在 $O(n\log_2 n)$ 的时间内完成数组的排序,且要求排序是稳定的,则可选择的排序方法是(　　)。

A. 快速排序　　　B. 简单选择排序　　　C. 归并排序　　　D. 直接插入排序

8.2　排序趟数与序列的原始状态有关的排序方法是(　　)排序法。

A.插入　　　　B. 选择　　　　C.冒泡　　　　D.快速

8.3　对一组数据(84,47,25,15,21)排序,数据的排列次序在排序的过程中的变化为(1)84 47 25 15 21,(2)15 47 25 84 21,(3)15 21 25 84 47,(4)15 21 25 47 84,则采用的排序是(　　)。

A.选择　　　　B.冒泡　　　　C.快速　　　　D.插入

8.4　在文件"局部有序"或文件长度较小的情况下,最佳内部排序的方法是(　　)。

A.直接插入排序　　B.冒泡排序　　　C.简单选择排序

8.5　下列排序算法中,(　　)算法可能会出现下面情况:在最后一趟开始之前,所有元素都不在其最终的位置上。

A. 归并排序　　　B.冒泡排序　　　C.快速排序　　　D.插入排序

8.6 下列排序算法中,占用辅助空间最多的是( )。

A. 归并排序　　　　 B. 快速排序　　　　 C. 希尔排序　　　　 D. 堆排序

8.7 用直接插入排序方法对下面四个序列进行排序(由小到大),元素比较次数最少的是( )。

A. 94,32,40,90,80,46,21,69　　　　　　　 B. 32,40,21,46,69,94,90,80

C. 21,32,46,40,80,69,90,94　　　　　　　 D. 90,69,80,46,21,32,94,40

8.8 若用冒泡排序方法对序列{10,14,26,29,41,52}从大到小排序,需进行( )次比较。

A. 3　　　　　　　 B. 10　　　　　　　 C. 15　　　　　　　 D. 25

8.9 对 n 个记录的线性表进行快速排序,为减少算法的递归深度,以下叙述正确的是( )。

A. 每次分区后,先处理较短的部分　　　 B. 每次分区后,先处理较长的部分

C. 与算法每次分区后的处理顺序无关　　 D. 以上三者都不对

8.10 对 n 个记录的文件进行堆排序,最坏情况下的执行时间是( )。

A. $O(\log_2 n)$　　　 B. $O(n)$　　　　 C. $O(n\log_2 n)$　　　 D. $O(n \times n)$

8.11 分别采用快速排序、冒泡排序和归并排序对初态为有序的表进行排序,则最省时间的是＿＿＿＿算法,最费时间的是＿＿＿＿算法。

8.12 设待排序的记录共 7 个,排序码分别为 8,3,2,5,9,1,6。

(1)利用直接插入排序,试以排序码序列的变化描述形式说明排序全过程(动态过程),要求按递减顺序排序。

(2)利用直接选择排序,试以排序码序列的变化描述形式说明排序全过程(动态过程),要求按递减顺序排序。

(3)直接插入排序算法和直接选择排序算法的稳定性如何?

8.13 设有一个数组中存放了一个无序的关键序列 $K_1, K_2, \cdots, K_n$。现要求将 K_n 放在将元素排序后的正确位置上,试编写实现该功能的算法,要求比较关键字的次数不超过 n。

习题选解

8.1　C

8.2　C

8.3　A

8.4　A

8.5　D

8.6　A

8.7　C

8.8　C

8.9　A

8.10　C

8.11　冒泡,排序

8.12 (1)直接插入排序。

第一趟(3)[8,3],2,5,9,1,6　　 第二趟(2)[8,3,2],5,9,1,6

第三趟(5)[8,5,3,2],9,1,6　　第四趟(9)[9,8,5,3,2],1,6

第五趟(1)[9,8,5,3,2,1],6　　第六趟(6)[9,8,6,5,3,2,1]

(2)直接选择排序(第六趟后仅剩一个元素,是最小的元素,直接选择排序结束)。

第一趟(9)[9],3,2,5,8,1,6　　第二趟(8)[9,8],2,5,3,1,6

第三趟(6)[9,8,6],5,3,1,2　　第四趟(5)[9,8,6,5],3,1,2

第五趟(3)[9,8,6,5,3],1,2　　第六趟(2)[9,8,6,5,3,2],1

(3)直接插入排序是稳定排序,直接选择排序是不稳定排序。

8.13　以 K_n 为枢轴的一趟快速排序,以最后一个为枢轴先从前向后再从后向前进行排序。

```
int   Partition(RecType K[ ],int l,int n)
    { //交换记录子序列 K[l..n]中的记录,使枢轴记录到位,并返回其所在位
    //置,此时,在它之前(后)的记录均不大(小)于它
    int i = l; j = n;K[0] = K[j]; x = K[j]. key;
    while(i < j)
        { while(i < j && K[i]. key < = x)   i + + ;
        if (i < j) K[j] = K[i];
        while(i < j && K[j]. key > = x)   j − − ;
        if (i < j) K[i] = K[j];
        }//while
    K[i] = K[0]; return   i;
}//Partition
```

参 考 文 献

［1］ 严蔚敏,吴伟民.数据结构(C语言版)［M］.北京:清华大学出版社,2009.

［2］ Robert S,Kevin W.算法［M］.4版.北京:人民邮电出版社,2008.

［3］ 程杰.大话数据结构［M］.北京:清华大学出版社,2011.

［4］ 耿国华.数据结构——用C语言描述［M］.北京:高等教育出版社,2011.

［5］ 陈明.数据结构(C语言描述)［M］.北京:清华大学出版社,2011.

［6］ 杨剑,白忠建,丁晓锋.结构［M］.北京:人民邮电出版社,2013.

［7］ 陈慧南.数据结构——C语言描述［M］.2版.西安:西安电子科技大学出版社,2009.

［8］ 闵敏,朱辉生.数据结构［M］.北京:高等教育出版社,2006.

［9］ 邓文华.数据结构［M］.北京:清华大学出版社,2004.

附录 考试大纲

Ⅰ 课程性质与课程目标

一、课程性质和特点

数据结构导论课程是高等教育自学考试计算机及应用专业（专科）的一门重要的专业基础课。用计算机解决任何实际问题都离不开数据表示和数据处理，而数据的表示和处理的核心问题之一是数据结构及其实现——这是数据结构课程的基本内容。从这个意义上说，数据结构课程在知识学习和技能培养两个方面都处于关键性地位。本课程为数据库及其应用、操作系统概论等后续软件课程提供必要的知识基础。

二、课程目标

课程设置的目标是使考生：

（1）理解数据结构的基本概念，掌握常用的几种数据结构的特征；

（2）理解数据结构课程与其他课程的关系；

（3）通过对数据结构的学习，使读者学会选择恰当的数据结构进行程序设计的方法，为进一步从事软件设计工作奠定基础。

三、与相关课程的联系与区别

本课程的先修课程包括高级语言程序设计，后续课程包括数据库及其应用、操作系统概论等。它们之间的关系是：

（1）本课程中存储结构或存储结点的类型定义、实现运算的算法，需要以高级语言（C语言）的类型和变量说明、指针型变量及其操作，以及程序设计等基础知识和基本技能为前提；另一方面，本课程详细介绍的各种基本概念、基本数据结构及其实现为数据库及其应用和操作系统概论提供了重要的基础和工具；

（2）高级语言程序设计课程只在高级语言层次上涉及数据的表示和处理。本课程系统地讨论了数据表示和数据处理的若干基本问题。而后续软件课程则以本课程为基础，在更高的层次和更大的规模上研究数据的表示和处理，因此本课程是数据表示和处理这条主线上的一个必不可少的环节。

四、课程的重点和难点

本课程的重点是几种常用的数据结构，即线性结构（线性表、栈、队列、数组）、树形结构（树和二叉树）和图结构的逻辑结构表示方法和存储结构的实现方法，以及这些结构上的基本运算的实现算法，还包括查找和排序操作在有关数据结构上的实现方法。难点是几种数据结构的基本运算的实现算法。

Ⅱ 考 核 目 标

本大纲在考核目标中,按照识记、领会、简单应用和综合应用四个层次规定其应达到的能力层次要求。四个能力层次是递升的关系,后者必须建立在前者的基础上。各能力层次的含义如下。

识记(Ⅰ):要求考生能够识别和记忆本课程中有关数据结构及算法的概念性内容(如各种数据结构的定义、逻辑结构、基本操作、主要性质;排序和查找等算法的重要性及评判标准),并能够根据考核的不同要求,做出正确的表述、选择和判断。

领会(Ⅱ):要求考生能够领悟各种数据结构及其基本运算是如何在计算机内部实现的,能够阅读相关的代码或程序段;理解如何利用各种数据结构的性质和特点解决不同问题;在此基础上根据考核的不同要求,做出正确的推断、描述和解释。

简单应用(Ⅲ):要求考生能够运用本课程中规定的少量知识点,分析和解决一般应用问题,如简单的计算、用图示法解决问题等。

综合应用(Ⅳ):要求考生能够运用本课程中规定的多个知识点,分析和解决较复杂的应用问题,如计算、算法设计、算法分析等。

Ⅲ 课程内容与考核要求

第一章 概 述

一、学习目的与要求

本章集中介绍贯穿和应用于数据结构课程始终的基本概念,概括反映了后续各章的基本问题,为进入具体内容的学习提供了必要的引导。

本章总的要求:理解数据、数据元素和数据项的概念及其相互关系;理解数据结构的含义;理解逻辑结构、基本运算和存储结构的概念、意义和分类;理解存储结构与逻辑结构的关系;理解算法的概念;理解衡量一个算法效率的两个标准,即时间复杂度和空间复杂度。

二、课程内容

(1)基本概念和术语。
(2)算法及描述。
(3)算法分析。

三、考核的知识点与考核要求

1.数据结构、数据、数据元素和数据项的概念
识记:数据结构;数据;数据元素;数据项。

领会:数据结构的作用;数据、数据元素、数据项三者关系。

2.数据逻辑结构和数据存储结构

识记:数据逻辑结构;数据存储结构。

领会:四类基本逻辑结构的特点;顺序存储结构;链式存储结构;逻辑结构与存储结构的关系。

3.运算、算法和算法分析

识记:运算;基本运算;算法分析;时间复杂度;空间复杂度。

领会:运算与数据结构的关系;算法的描述方法;算法的评价因素;时间复杂度分析方法;空间复杂度分析方法。

简单应用:运用类 C 语言描述算法;简单算法时间复杂度分析;简单算法的空间复杂度分析。

四、本章重点、难点

本章重点:数据结构、数据逻辑结构、数据存储结构以及运算等概念。

本章难点:算法时间复杂度分析。

第二章　线性表

一、学习目的与要求

顺序表和单链表分别是简单、基本的顺序存储结构和链式存储结构。在顺序表和单链表上实现的基本运算算法是数据结构中简单和基本的算法,这些内容构成以下各章的重要基础。因此,本章是本课程的重点之一。

本章总的要求:理解线性表的概念;熟练掌握顺序表和链表的组织方法及实现基本运算的算法;掌握在顺序表和链表上进行算法设计的基本技能;了解顺序表与链表的优缺点。

二、课程内容

(1)线性表的基本概念。

(2)线性表的顺序存储。

(3)线性表的链接存储。

(4)其他运算在单链表上的实现。

(5)其他链表。

三、考核的知识点与考核要求

1.线性表概念

识记:线性表概念;线性表的基本特征。

领会:线性表表长;线性表初始化、求表长、读表元素、定位、插入、删除等基本运算的功能。

2.线性表的顺序存储结构——顺序表

识记:顺序表表示法、特点和类 C 语言描述。

领会:顺序表的容量;顺序表表长;插入、删除和定位运算实现的关键步骤。

简单应用:顺序表插入、删除和定位运算的实现算法。

综合应用:顺序表上的简单算法;顺序表实现算法的分析。

3. 线性表的链式存储结构——单链表

识记:结点的结构;单链表的类 C 语言描述。

领会:头指针;头结点:首结点;尾结点;空链表;单链表插入、删除和定位运算的关键步骤。

简单应用:单链表插入、删除和定位等基本运算的实现算法。

综合应用:用单链表设计解决应用问题的算法。

4. 循环链表和双向循环链表

识记:循环链表的结点结构;双向循环链表结点结构;循环链表和双向循环链表类 C 语言描述。

领会:循环链表插入和删除运算的关键步骤;双向循环链表插入和删除运算的关键步骤。

四、本章重点、难点

本章重点:线性表概念和基本特征;线性表的基本运算;顺序表和单链表的组织方法和算法设计。

本章难点:单链表上的算法设计。

第三章 栈 和 队 列

一、学习目的与要求

栈和队列的逻辑结构与线性表的逻辑结构相同,可以把栈和队列看作是特殊的线性表,其操作只能在表的一端或两端进行。二维数组逻辑结构可以看成是线性结构的推广。

本章总的要求:理解栈和队列的定义、特征及与线性表的异同;掌握顺序栈和链栈的组织方法和运算实现算法,以及栈满和栈空的判断条件;掌握顺序队列和链队列的组织方法和运算实现算法,以及队列满和队列空的判断条件;掌握数组的存储方法和特殊矩阵的压缩存储方法,并能设计特殊矩阵的一些简单的算法。

二、课程内容

(1)栈。

(2)队列。

(3)数组。

三、考核的知识点与考核要求

1. 栈及其顺序实现和链接实现

识记:栈的概念;栈的后进先出特征;栈的基本运算。

领会:栈顶和栈底;顺序栈的组织方法及其类 C 语言描述;顺序栈栈满和栈空的条件;链栈的组织方法及其类 C 语言描述;链栈为空的条件。

简单应用:采用顺序存储和链接存储实现栈的基本运算的算法。

综合应用:用栈解决简单问题。

2. 队列及其顺序实现和链接实现

识记:队列的概念;队列的先进先出基本特征;队列的基本运算;循环队列。

领会:队列头和队列尾;顺序队列的组织方法及其类 C 语言描述;顺序队列满和队列空的条件;循环队列的组织方法;循环队列的队列满和队列空的条件;链队列的组织方法及其类 C 语言描述;链队列为空的条件。

简单应用:用数组实现循环队列的基本运算;用链表实现队列的基本运算。

综合应用:设计用队列解决简单问题的算法。

3. 数组及其实现

识记:一维、二维数组的逻辑结构及其顺序存储方法。

领会:顺序存储的一维数组、二维数组的地址计算;特殊矩阵(三角矩阵、对称矩阵)的概念。

简单应用:用一维数组存储特殊矩阵的压缩存储方法;给定特殊矩阵中某个元素的位置(i,j);计算该元素在一维数组中的位置 k。

四、本章重点、难点

本章重点:栈和队列的特征;顺序栈和链栈上基本运算的实现和简单算法;顺序队列和链队列上基本运算的实现和简单算法。

本章难点:循环队列的组织;队列满和队列空的条件;循环队列基本运算的算法。

第四章　数组和广义表

该部分为选学内容,略。

第五章　树和二叉树

一、学习目的与要求

树形结构用于表示分支和层次结构,有着广泛的应用背景。树和二叉树是重要的树形结构。

本章总的要求:理解树形结构的基本概念和术语;深刻领会二叉树的定义及其存储结构,理解二叉树遍历的概念并掌握二叉树的遍历算法;掌握树和森林的定义、树的存储结构以及树、森林与二叉树之间的相互转换方法;熟练掌握构造哈夫曼树和设计哈夫曼编码的方法。

二、课程内容

(1)树的基本概念。

(2)二叉树。

(3)二叉树的存储结构。

(4)二叉树的遍历。

(5)树和森林。

(6)判定树和哈夫曼树。

三、考核的知识点与考核要求

1. 树结构、森林

识记:树的基本概念;术语;森林基本概念。

领会:树的基本运算。

简单应用:结点的度计算;树的度计算;树的高度计算;结点的层次数计算。

2. 二叉树

识记:二叉树的概念;左子树;右子树。

领会:二叉树的基本运算;二叉树的性质;二叉树顺序存储及类 C 语言描述;二叉树链式存储及类 C 语言描述;二叉树的遍历算法。

简单应用:二叉树结点数计算;二叉树深度计算;给出二叉树的先序序列、中序序列和后序序列;由二叉树先序序列、中序序列和后序序列构造二叉树。

综合应用:设计二叉树上基于先序遍历、中序遍历和后序遍历的应用算法。

3. 树和森林

识记:树的先序遍历方法;树的后序遍历方法;树的层次遍历方法;森林的先序遍历方法;森林的中序遍历方法。

领会:树、森林与二叉树的关系;树转换成二叉树的方法;森林转换成二叉树的方法;二叉树转换成对应森林的方法。

4. 判定树和哈夫曼树

识记:判定树概念;哈夫曼树概念;哈夫曼编码。

领会:分类与判定树的关系;哈夫曼树构造过程;哈夫曼算法。

简单应用:由一组叶结点的权值构造一棵对应的哈夫曼树;设计哈夫曼编码。

四、本章重点、难点

本章重点:树形结构的概念;二叉树的定义、存储结构和遍历算法。

本章难点:二叉树的遍历算法;哈夫曼树构造算法。

第六章　图

一、学习目的与要求

图是一种有广泛应用背景的数据结构。本章在运算实现方面着重研究图遍历这一常用运算的实现,以及最小生成树、单源最短路径和拓扑排序等典型的应用问题的求解。

本章总的要求:理解图的概念并熟悉有关术语;熟练掌握图的邻接矩阵表示法和邻接表表示法;深刻理解连通图遍历的基本思想和算法;理解最小生成树的有关概念和算法;理解图的最短路径的有关概念和算法;理解拓扑排序的有关概念和算法。

二、课程内容

(1)图的基本概念。

(2)图的存储结构。

（3）图的遍历。

（4）最小生成树。

（5）单源最短路径。

（6）拓扑排序。

三、考核的知识点与考核要求

1. 图的逻辑结构、图的存储结构

识记：图的应用背景；图的概念；图的逻辑结构；有向图；无向图；子图；图的连通性；边（弧）的权值；带权图；生成树；图的存储结构。

领会：图的基本运算；图的邻接矩阵存储方式及类 C 语言描述；图的邻接表和逆邻接表存储方式及类 C 语言描述。

简单应用：建立图邻接矩阵算法；建立图邻接表算法。

2. 图的遍历

识记：图的遍历；图的深度优先搜索；图的广度优先搜索。

领会：图的深度优先搜索算法；图的广度优先搜索算法。

简单应用：求图的深度优先遍历的顶点序列；求图的广度优先遍历的顶点序列。

3. 图的应用

识记：最小生成树；单源最短路径；AOV 网；拓扑排序。

领会：求最小生成树的 Prim 算法；求最小生成树的 Kruskal 算法思想；求单源最短路径 Dijkstra 算法思想；拓扑排序算法。

简单应用：求最小生成树；求从一源点到其他各顶点的最短路径；求给定有向图的顶点的拓扑序列。

四、本章重点、难点

本章重点：图的邻接矩阵和邻接表两种存储结构，图的深度优先和广度优先搜索算法。

本章难点：求最小生成树的 Prim 算法；求单源最短路径算法；求拓扑排序算法。

第七章 查 找

一、学习目的与要求

数据结构课程中的集合是四类基本逻辑结构之一。查找表是一种以集合为逻辑结构的常用的数据结构，其基本特点是以查找运算为核心。因此，如何高效率地实现查找运算是本章的核心问题。

本章总的要求：了解集合的基本概念；理解查找表的定义、分类和各类的特点；掌握顺序查找和二分查找的思想和算法；理解二叉排序树的概念和有关运算的实现方法；掌握散列表、散列函数的构造方法以及处理冲突的方法；掌握散列存储和散列查找的基本思想及有关方法、算法。

二、课程内容

（1）基本概念。

（2）静态查找表的实现。

（3）二叉排序树。

（4）散列表。

三、考核的知识点与考核要求

1. 查找表、静态查找表

识记：查找；查找表；关键字；主关键字；顺序表；索引顺序表；静态查找表的运算；顺序查找；二分查找；平均查找长度等有关概念和术语。

领会：顺序查找算法；设置岗哨的作用；二分查找算法；索引顺序表查找算法思想。

简单应用：顺序查找的过程；二分查找的过程；索引顺序查找的过程。

2. 二叉排序树

识记：动态查找；二叉排序树查找的概念。

领会：二叉排序树的建树过程；二叉排序树的查找算法；二叉排序树的结点的插入方法；二叉排序树的平均查找长度。

简单应用：二叉排序树的建树过程；二叉排序树的查找过程。

3. 散列表

识记：散列表；散列函数；同义词；冲突。

领会：几种常用散列法；解决冲突的方法，包括线性探测法、一次探测法和链地址法。

简单应用：散列表构造；散列表的查找过程及其冲突处理。

四、本章重点、难点

本章重点：二分查找方法；二叉排序树的查找方法；散列表的查找方法。

本章难点：二叉排序树的插入算法。

第八章 排　　序

一、学习目的与要求

在很多实际问题中，排序是一种常用运算，而且对这种运算的时空性能有较高的要求，由此发展出了各种排序方法和技术。

本章总的要求：深刻理解各种内部排序方法的指导思想和特点；熟悉几种内部排序算法，并理解其基本思想；了解几种内部排序算法的优缺点、时空性能和适用场合。

二、课程内容

（1）概述。

（2）直接插入排序。

（3）交换排序。

（4）选择排序。

（5）归并排序。

三、考核的知识点与考核要求

1. 排序的基本概念

识记:排序;内部排序;外部排序;稳定排序;不稳定排序。

2. 插入排序

识记:插入排序;直接插入排序。

领会:直接插入排序的算法;直接插入排序的稳定性;直接插入排序的时间复杂度。

简单应用:直接插入排序的过程。

3. 交换排序

识记:交换排序;冒泡排序;快速排序。

领会:交换排序的基本思想;冒泡排序的基本步骤和算法;快速排序的基本步骤和算法。

简单应用:冒泡排序的过程;快速排序的过程。

4. 选择排序

识记:选择排序;直接选择排序;堆;堆排序。

领会:选择排序的基本思想;直接选择排序的基本步骤和算法;堆排序基本步骤和算法。

简单应用:直接选择排序的过程;堆排序的过程。

5. 归并排序

识记:归并;归并排序。

领会:归并排序的基本思想;二路归并排序的基本步骤和算法。

简单应用:二路归并排序的过程。

四、本章重点、难点

本章重点:直接插入排序算法;冒泡排序算法;快速排序算法;直接选择排序算法;堆排序算法;二路归并排序算法。

本章难点:快速排序算法;堆排序算法。

Ⅳ　关于大纲的说明与考核实施要求

一、自学考试大纲的目的和作用

数据结构导论课程的自学考试大纲是根据专业自学考试计划的要求,结合自学考试的特点而确定的,其目的是对个人自学、社会助学和课程考试命题进行指导和规定。

课程自学考试大纲明确了课程学习的内容和深广度,规定了课程自学考试的范围和标准。因此,它是编写自学考试教材和辅导书的依据,是社会组织进行自学辅导的依据,是自学者学习教材、掌握课程内容知识范围和程度的依据,也是进行自学考试命题的依据。

二、课程自学考试大纲与教材的关系

课程自学考试大纲是进行学习和考核的依据,教材是学习掌握课程知识的基本内容与范围,教材的内容是大纲所规定的课程知识和内容的扩展与发挥。课程内容在教材中可以

体现一定的深度或难度,但在大纲中对考核的要求一定要适当。

大纲与教材所体现的课程内容应基本一致。大纲里面的课程内容和考核知识点,教材里一般也要有;反过来,教材里有的内容,大纲里却不一定体现。

三、关于自学教材

指定教材:《数据结构导论》。

四、关于自学要求和自学方法的指导

初学者往往感到数据结构导论课程的内容多、难度大。努力做到以下几点有助于改善自学效果。

1. 注意知识体系

数据结构导论课程中的知识本身具有良好的结构性。从总体上说,课程的主要内容是围绕着线性表、栈、队列、数组、树、图等几种常用的数据结构和查找、排序运算组织的,每种数据结构又是从"定义"(包括逻辑结构和基本运算的功能两个部分)和"实现"(包括存储结构和运算实现两个方面)这两个层次以及它们之间的联系的角度加以介绍的。对于排序,讨论了它的各种典型、常见的实现算法。按上述体系对课程中的具体内容加以分类,有助于整体上的全面把握。

2. 注意比较

由于本课程中的知识具有如上所述的体系,自学中应注意从"纵向"和"横向"两个方面对比有关内容以便加深理解。纵向对比包括将一种数据结构与它的各种不同的实现加以比较;横向对比包括具有相同逻辑结构的不同数据结构(如线性表、栈、队列)的比较、同一数据结构的不同存储结构和实现同一运算的不同算法(如各种查找算法)的比较等。

3. 注意复习和重读

有些内容在初读时难以透彻理解或熟练掌握,在继续学习的过程中遇到有关内容时,应及时重读或复习,这往往能够化难为易、温故知新。

4. 充分利用自考大纲

在进入每章之前和结束每章之后,仔细阅读大纲的有关规定和要求有利于集中思路和自我检查。

5. 注意循序渐进

在进入具体内容(如存储结构或算法)之前,领会基本概念和基本思想是极为重要的。特别是在阅读算法之前,一定要先弄清其基本思想和基本步骤,这将大大降低理解算法的难度。

6. 注意练习

习题是本课程的重要组成部分,只看书不做题不可能真正学会知识,更不能达到技能培养的目标的。同时,做习题也是自我检查的重要手段。此外,在做算法设计型习题时不要直接调用书上已写的函数的算法(标准函数除外),而应独立设计出完整的算法,这样有利于编程能力的提高。

本课程共4学分。

五、对社会助学的要求

（1）应熟知考试大纲的各项要求和规定。

（2）辅导时应以指定教材为基础，以考试大纲为依据，不得随意增删内容或更改要求。

（3）辅导时应注重基础，加强针对性，根据考生的特点调整辅导的实施。

六、对考核内容的说明

本课程要求考生将学习和掌握的知识点内容都作为考核的内容。课程中各章的内容均由若干知识点组成，在自学考试中成为考核知识点。因此，课程自学考试大纲中所规定的考试内容是以分解为考核知识点的方式给出的。由于各知识点在课程中的地位、作用以及知识自身的特点不同，自学考试将对各知识点分别按四个认知（或能力）层次确定其考核要求。

七、关于命题和考试的若干规定

（1）考试采用闭卷笔试方式，时间150分钟。考试时无须使用笔和橡皮之外的任何器具。

（2）本大纲各章考核要求中所列各知识点内的细目均属考试内容。试题覆盖到章，适当突出重点章节，加大重点内容的覆盖密度。

（3）试卷中对不同能力层次要求的试题所占比例大致为：识记占20%，领会占30%，简单应用占30%，综合应用占20%。

（4）试题的难易程度与能力层次不是一个概念，它们之间有一定的关联，但并不是完全吻合。在各个能力层次中，对于不同的考生都存在着不同的难度。要合理地安排试题的难易程度，试题难度可分为易、较易、较难和难四个等级，每份试卷中不同难度试题的分数所占的比例一般为2∶3∶3∶2。

（5）试题的题型包括填空题、单项选择题、应用题、算法设计题等。

Ⅴ 题型举例

一、填空题（请在每小题的空格中填上正确答案。错填、不填均无分）

1. 3个结点可以构成＿＿＿＿棵不同形态的二叉树。

2. 一个栈的输入序列中有3个元素：A、B和C，输出序列有＿＿＿＿种不同的形式。

3. 一棵二叉树，它的中序序列为IDJBKEAFCG，后序序列为IJDKEBFGCA，则其先序序列为＿＿＿＿。

4. 若用快速排序法对序列20,16,18,14,8,27,12,53,9,30从小到大进行排序，第一趟排序结果为＿＿＿＿。

5. 对于序列20,16,18,14,8,27,12,53,9,30进行堆排序，其初始堆为＿＿＿＿。

二、单项选择题（在每小题列出的四个备选项中只有一个是符合题目要求的，请将其代码填写在题后的括号内。错选、多选或未选均无分）

1. n个顶点的生成树的边数为（　　　）。

    A. n B. $n(n-1)/2$ C. $n-1$ D. $n/2$

2. 在长度为 n 的顺序表中进行顺序查找,查找不成功时,与关键字比较次数为(　　)。

A. n　　　　　　　　B. 1　　　　　　　　C. $n+1$　　　　　　　　D. $n-1$

3. 用顺序查找法对具有 n 个结点的线性表查找一个结点所需的平均比较次数为(　　)。

A. $O(n_2)$　　　　B. $O(\log_2 n)$　　　　C. $O(n\log_2 n)$　　　　D. $O(n)$

4. n 个结点的二叉排序树在最坏情况下的平均查找长度为(　　)。

A. $2n$　　　　　　B. $4\log_2 n+1$　　　　C. $n\log_2 n$　　　　D. $(n+1)/2$

三、应用题

1. 试画出下图所示的森林所对应的二叉树,并写出二叉树的先序、中序、后序遍历序列。

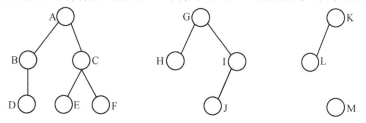

2. 已知长度为 12 的表(if, then, else, while, do, break, switch, case, printe scanf struct, union),试按表中元素的顺序依次插入一棵初始为空的二叉排序树,请画出插入完成之后的二叉排序树。

3. 一个带权的无向图的邻接矩阵如下所示,求该图上一棵最小生成树。

$$\begin{bmatrix} \infty & 3 & 1 & \infty & \infty \\ 3 & \infty & 5 & 1 & 3 \\ 1 & 5 & \infty & 6 & 2 \\ \infty & 1 & 6 & \infty & 2 \\ \infty & 3 & 2 & 2 & \infty \end{bmatrix}$$

4. 根据下面数据表,写出采用快速排序算法排序的每一趟的结果。

(26　12　23　35　6　45　77　62　102　4　16　130)

5. 对于如下所示的有向图,给出从顶点 1 出发的所有可能的深度优先搜索序列。

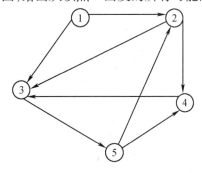

四、算法设计题

1. 设计算法按先序次序打印二叉树 T 中的叶子结点。

2. 已知一个数组 int $A[n]$,设计算法将其调整为左右两部分,使得左边所有元素为奇数,右边所有元素为偶数,并要求算法的时间复杂度为 $O(n)$。